哈佛精英课堂
成功人生捷径

哈佛精英
思考术

郝任／著

天地出版社

图书在版编目（CIP）数据

哈佛精英思考术 / 郝任著. —成都：天地出版社，2016.6

ISBN 978-7-5455-1877-1

Ⅰ. ①哈… Ⅱ. ①郝… Ⅲ. ①思维方法—通俗读物 Ⅳ. ①B804-49

中国版本图书馆CIP数据核字（2016）第027700号

哈佛精英思考术

著　　者　郝　任
责任编辑　陈素然
封面设计　思想工社
电脑制作　思想工社
责任印制　李　昆
图片来源　壹　图

出版发行　天地出版社
（成都市槐树街2号　邮政编码：610014）
网　　址　http://www.tiandiph.com
http://www.天地出版社.com
电子邮箱　tiandicbs@vip.163.com
经　　销　新华文轩出版传媒股份有限公司

印　　刷　三河市华业印务有限公司
版　　次　2016年6月第1版
印　　次　2016年6月第1次印刷
成品尺寸　165mm×235mm　1/16
印　　张　16.5
字　　数　235千字
定　　价　32.00元
书　　号　ISBN 978-7-5455-1877-1

咨询电话：（028）87734639（总编室）
购书热线：（010）67692522（市场部）

哈佛的历史与荣耀

哈佛大学创建于1636年，最初称为“新学院”或“新市民学院”，1639年以约翰·哈佛之名，命名为哈佛学院，1780年更名为哈佛大学。哈佛大学被誉为“高等学府王冠上的宝石”，370多年来，哈佛大学先后培养出了数以千计的世界级精英，为政界、商界、学术界及科学界贡献了无数的成功人士和时代巨子。

历史上，哈佛大学的毕业生中共有八位曾当选为美国总统。他们是：约翰·亚当斯、约翰·昆西·亚当斯、拉瑟福德·海斯、西奥多·罗斯福、富兰克林·罗斯福、约翰·肯尼迪、乔治·沃克·布什和贝拉克·奥巴马。

在哈佛校史上和今天还在校任教的教师中，曾出过47位诺贝尔奖得主、34位普利策奖得主。

此外，哈佛大学还培养了一大批知名的学术创始人、世界级的学术带头人、文学家、思想家，如诺伯特·德纳、拉尔夫·爱默生、亨利·梭罗、亨利·詹姆斯、罗伯特·弗罗斯特、威廉·詹姆斯、杰罗姆·布鲁纳、乔治·梅奥等。

著名外交家、美国前国务卿亨利·基辛格，微软公司创始人比尔·盖茨和美国第一大社交网站——Facebook的创建者马克·扎克伯格也出自哈佛。

中国近代也有许多科学家、作家和学者曾就读于哈佛大学，如竺可桢、杨杏佛、赵元任、陈寅恪、林语堂、梁实秋、梁思成、江泽涵等。

哈佛大学因其历史、学术地位、声誉、财富和影响力等因素，在众多大学排行榜上一直名列前茅，被评为世界上最杰出及最负盛名的学府之一。

大卫·汉密尔顿博士说，思考会影响大脑结构。哈佛大学研究表明，仅仅用思考的方式，我们就能改变自己的大脑和身体。换言之，多想积极正面的事情和实现目标的步骤，我们就能真正做成一件事。

改变想法，我们就能改变我们的生活！

前言
PREFACE

学习哈佛思维方式
打造哈佛精英特质

从创建至今，300多年来，哈佛大学培养出了无数的世界级精英，他们遍布在商界、政界及学界。毫不夸张地说，是哈佛大学与众不同的思考方式缔造了他们辉煌的人生。

毋庸置疑，一个人选择什么样的思考方式，也就选择了什么样的生活方式。思路决定出路，思考创造奇迹，学会了思考，成功就会向你走来。

那么，谁能告诉我，一块铁所能创造的最大价值是多少?

第一个人是个半生不熟的铁匠，他觉得铁块的最佳用途莫过于把它制成马掌，他已经把这块铁的价值从一元提高到十元了，他为此而自鸣得意。

第二个人是一个磨刀匠，他竟然用半粗的铁块制成了价值两千元的刀片，这让那个铁匠惊讶万分。

第三个人是一个工匠，他用显微镜般精确的双眼把生铁变成了最精致的绣花针。他很得意，因为他的产品比磨刀匠的产品价值翻了数倍。

但是，又来了一个技艺更高超的工匠，他的头脑更发达，他竟然制出了精细的钟表发条。

不要以为故事已经结束了，这时，又一个更出色的工匠出现了。他采用了许多精加工和细致锻冶的工序，成功地把他的产品变成了几乎看不见的精细的游丝线圈。一番辛苦劳作之后，他梦想成真，把仅值一元的铁块变成了价值一百万元的产品，这比同样重量的黄金还要昂贵得多。

但是，还有一个工人，他的工艺精妙得可算登峰造极。他把这块铁制成了牙医常用来勾出最细微牙神经的精致钩状物。一公斤这种柔细的带钩钢丝要比黄金贵几百倍。

看到了吧，同样的一块铁所创造出来的价值竟然有着天壤之别，而造成这种区别的原因就是思维的不同。

思维不同，所采取的行动方案与标准就不同；

思维不同，面对机遇所进行的选择就不同；

思维不同，在人生路上收获的成果就不同。

从前，有一个国王，他有两个儿子。一个勤奋，一个聪明，两个人都有继承王位的潜能。为了测出谁更适合做自己的接班人，国王给了他们一样多的工匠和资金，让他们两个人从十六岁开始就独立地建设自己的城堡。

勤奋的大王子从十六岁的那一天开始，就亲自带领工匠勘察地基、计算成本。他每天天一亮就起来，很晚才睡下。人人都说他是一个让人敬佩的领袖，国王对他的表现也很满意。

而二王子就不同了，他满十六岁的时候，做的第一个决定就是宣布解散自己的城堡建设队，因为他知道，国王给他的那些工匠并不真正懂得建筑。他用自己手里的资金另外招募了一批民间的能工巧匠。不仅如此，他还专门向有经验的工匠学习了三个月，然后拿出了自己的设计图纸——一个完全与众不同的庄园。然后，他就开始分配任务了，让每个人都能在适合自己的位置上发挥才能。二王子安排好任务之后，就去周游列国了。两年之后他回来，自己的城堡已经建好了，而且他还从游牧国家学会了饲养牲畜，从热带国家学会了种水稻，从沙漠国家学会了节水，从更古老的国家学会了礼仪制度的管理。

如果你是国王，你会选择谁？

国王选择了聪明的二王子。因为二王子很有自己的想法，他知道雇佣擅长的人来帮助自己，知道在别人建城堡的时间去学习东西，能把自己当作未来的国王去吸纳别国的优点……并且，他并没有因此而让自己很累。虽然是选择未来的国王，但老国王更希望自己的孩子将来的生活是快乐的。做国王对大儿子来说有点吃力，但是对聪明的二儿子来说，则是一件相对轻松的事情。

最好的国王，是既能够统治好自己的国家、让自己的聪明才智得到充分发挥，又能享受治国乐趣的人；最好的员工，是既能充分调动自己的积极性努力工作，又能享受工作带来的乐趣的人；最健康的人生，是既能每天为自己的理想而辛勤忙碌，又能欣赏大好自然风光的人。

可以说，许多成功人士之所以能够实现他们的梦想，就是因为他们拥有优质的思维方式，懂得如何思考问题、解决问题，从而找到了属于自己的成功领域。

天才的培育与成长，不在于方法，而在于观念；不完全靠勤奋，而主要靠思维。当思维被一种科学的潜意识所主导，被一种理性的观念所左右时，人生的命运就会从此改变，生命的轨迹势必朝着成功的方向延伸。

每个人的一生，都由自己来把握，而把握人生的钥匙就是你的大脑思维。真诚希望更多的朋友能够在这场全新的思维风暴中，启迪智慧，完善自我，获得受益一生的思维方式，为自己开创更加精彩的人生。

本书内容特色

经典案例

一个人的处境，大多是由他的思维方式决定的。在介绍一种精英思考方式后，通过阅读经典案例，让读者对这种思维方式有更深刻的认识。

思维训练营

通过情景再现及讲故事的方式，让读者思考可能的处理方式，然后再提供运用精英思考方式进行思考的应对之策，从而进行一场全新的头脑风暴。

名人逸事

许多成功人士之所以能够成功，就是因为他们拥有优质的思维方式。本书通过介绍历史上的名人对每种思维方式的运用，让读者加深对这些思维方式的理解。

目录

CONTENTS

第一章 哈佛积极思考术
做事越积极，心情越愉快

所谓积极思考术，就是人无论身处什么困境，都能摒弃悲观的念头，用豁达、冷静的态度尽量稳定自己的情绪，并从困境中看到希望，找到克服困难的办法，从失败中看到成功。

经典案例

就算在沙漠中，也能找到生活的热情 / 005

凡事往好处想，才可能峰回路转 / 006

积极思考，童年不幸也能过上幸福生活 / 007

出身只代表过去，未来由自己创造 / 008

思维训练营

换一个角度思考，就能得到快乐 / 009

积极思考方式的神奇魔力 / 010

思维小差异，结果大不同 / 011

拥有积极思维，创造更多机会 / 012

名人逸事

俞敏洪：转换思维，在绝望中寻找希望 / 013

林肯：积极的人生态度让我永不放弃 / 014

戴尔：听从内心的声音，有梦就去追 / 015

本田宗一郎：愈挫愈勇，办法总比问题多 / 016

目录

CONTENTS

第二章 哈佛冷门思考术 开辟崭新的思维视野

所谓冷门思考术，就是指专门从被大众或者市场忽视、冷落、遗忘的人或者事物中寻找成功的机会，具有别具匠心、另辟蹊径的特点。

经典案例

可乐进军中国市场，看到喝饮料的可能 / 021

从不起眼处，发现孔道流水规律 / 022

卖保险柜的帮忙缉拿逃犯，生意红火 / 022

高空抛手表，打破瑞士表的垄断地位 / 023

别看清洁工不起眼，人缘好照样赚大钱 / 024

思维训练营

困境也是机会，看你如何应对 / 025

把书送总统，滞销书变脱销书 / 026

做生意就是要做别人想不到的 / 026

用不同视角观察和思考寻常事物 / 028

名人逸事

诸葛亮：择贤主不拘一格 / 029

霍英东：从冷门市场看到入市可能 / 030

戴维森：从未想过的谋生方式 / 031

希尔顿：让被忽略的地方都长出黄金来 / 032

巴菲特：从别人想不到的地方赚钱 / 033

目 录

CONTENTS

哈佛放弃思考术

以退为守，避开前进路上的障碍

所谓放弃思考术，是指为了更好的未来或者发展，主动放弃局部利益来保全整体利益的一种思维方式。放弃思维并不是指单纯放弃自己的志向、努力、成果……相反，放弃是为了更好地得到。

经典案例

放弃种族歧视，凯迪拉克起死回生 / 040

“激流勇退”的范蠡 / 041

放弃眼前小利益，获得长远大利益 / 043

弃美回国的“两弹一星”元勋邓稼先 / 044

思维训练营

金钱、书籍、性命，舍弃的智慧 / 045

名利与梦想的抉择 / 046

健康与生命的两难之选 / 047

名人逸事

诸葛亮：欲擒故纵攻心计 / 048

韩信：放弃一时之争成就一生功名 / 049

洛克菲勒家族：有舍才有得 / 050

迈克莱恩：果断取舍，才有一线希望 / 051

|目 录|

C O N T E N T S

第四章 哈佛质疑思考术
凡事多问几个“为什么”

所谓质疑思考术，是指用怀疑、批判的眼光，对现有的理论、经验、观点进行重新审视、重新评判，并试图从中找到它们的缺点、弊端，然后加以改进或创新的一种思维方法。

经典案例

追问到底，索求本质 / 059

“无纸化办公”为何会催生用纸风暴 / 060

质疑填鸭式教育，培养独立学习的能力 / 061

质疑是创造的基础 / 061

质疑权威，创造惊人成绩 / 062

思维训练营

蜜蜂发声的秘密 / 063

海水为什么是蓝的 / 064

传说，需要考证 / 066

名人逸事

苏格拉底：所谓美德不可一概而论 / 067

哥白尼：质疑是伟大的力量 / 068

拉瓦锡：勇于质疑，推翻“燃素说” / 068

摩根财团：从质疑卖鸡蛋开始 / 069

目录

CONTENTS

第五章 哈佛转换思考术
唯一不变的是变化

所谓转换思考术，是指对待事物，不能只用一种角度去观察和思考，而是应该转换思维，从多个角度来分析和解决问题。转换思维可以让我们的人生变得更积极，视野更开阔。

经典案例

卓别林智斗强盗 / 077

向本方球篮投球的奥秘 / 077

转变思维，找到助理最佳人选 / 078

海洋馆从门可罗雀到人员爆满 / 079

想法变了，伤疤也能变“勋章” / 079

洗碗机是如何从冷遇变热销的 / 080

思维训练营

路遇抢劫，机智应对 / 081

转换思路，“废纸”变热销 / 082

巧妙处理领导盛怒之下的命令 / 083

名人逸事

裴明礼：大水坑变聚宝盆 / 085

周恩来：临场应变，化险为夷 / 086

马里杰·尼格：现象相同，本质可能不同 / 087

里根：凡事都是可转换的 / 087

库克：转移对方的关注点 / 088

| 目 录 |

C O N T E N T S

第六章

哈佛辩证均衡思考术

问题的答案并非唯一

所谓辩证均衡思考术，是指我们要用矛盾的法则看待整个世界。矛盾法则，即对立统一的法则，是唯物辩证法的最根本法则。

经典案例

辩证思考，庄园主人不迷糊 / 096

出奇制胜的广告语 / 096

能犯错误，说明勇于冒险 / 097

捕杀野兔也要兼顾生态平衡 / 098

一切都没什么好担心的 / 099

思维训练营

为什么能力很强却晋升不上去 / 100

万能溶液的悖论 / 101

名人逸事

伊索：没有任何事情是绝对的 / 101

巴顿中校：对手帮了我们一个大忙 / 102

加藤信三：狮王牌牙刷的逆袭 / 103

第七章 哈佛灵感思考术

捕捉灵感的"闪电"

所谓灵感思考术，是指凭直觉而进行的快速、顿悟性的思维。灵感具有不可企及的突发性、难以捕捉的瞬间性、情绪激越的情感性，以及模模糊糊的粗糙性等特征。灵感虽然行踪难觅，但并不是可遇而不可求。

经典案例

悉尼歌剧院的诞生 / 110
NIKE原来是做梦的灵感 / 112
意外收获的听诊法 / 112
大街上找来的灵感 / 113
瞬间激发的灵感火花 / 114

思维训练营

巧妙征求员工的想法 / 115
逼出来的灵感 / 116
情急之下的应急措施 / 116
困境中的急中生智 / 117
丝线穿孔的智慧 / 118

名人逸事

阿基米德：洗澡也能发现定律 / 119
歌德：一气呵成的传世佳作 / 120
笛卡尔：解析几何学的由来 / 120

目录

CONTENTS

迪斯尼：米老鼠诞生记 / 121

克拉姆：儿童药由苦变甜的灵感 / 122

盖兹博士：把问题交给潜意识 / 123

第八章 哈佛创新思考术 打开创造力的闸门

所谓创新思考术，是指人们运用已有知识和经验增长开拓新领域的思维能力，亦即人们以新颖独创的方法解决问题的思维过程。

经典案例

李开复和他的创新工场 / 132

铁轨宽度的由来 / 132

聪明馆员的“横财” / 133

黑暗餐厅的神秘感 / 134

悬崖背后的“商机” / 135

思维训练营

因地制宜的商机 / 136

如何让分发传单更高效 / 137

分拣核桃的秘诀 / 137

帮养驴子的秘密 / 139

名人逸事

齐白石：一生五易画风 / 141

蒂芙尼：缔造“稀缺效应” / 141

维纳：每道题多想一些解法 / 142
麦当劳兄弟：在“冒尖”和“出奇”上制胜 / 143
扎克伯格：建立社交平台Facebook / 143

第九章 哈佛机遇思考术
机不可失，时不再来

机遇就是契机、时机或机会。所谓机遇思考术，就是如何抓住忽然遇到的好运气或机会。一般来说，机遇有一定的时间限制或有效期，所以说，如何抓住机遇，如何利用契机发展和壮大自己，则是一门学问。

经典案例

“王致和”豆腐的来历 / 150
安全汽车玻璃的意外发现 / 150
抓住机遇，一切皆有可能 / 151
赞助节目，取得意外宣传效果 / 153
科学家的意外收获 / 154
机会属于敢于行动的人 / 155

思维训练营

iPhone的商业机遇 / 156
土掉渣烧饼的由来 / 157
创造机会卖出珍珠 / 158

目录
CONTENTS

名人逸事

诸葛亮：韬光养晦待明主 / 159

李嘉诚：抓住人生的每一次重大机遇 / 160

潘石屹：抓住机会，终成地产大鳄 / 161

史泰龙：坚持梦想，终得机会 / 162

松下幸之助：不放过任何一个可能的机会 / 163

第十章 哈佛发散思考术

从一个出发点探求多种答案

所谓发散思考术，是指人在思考问题的时候，思维会以某一个点为中心，沿着不同的方向、不同的角度向外扩散的一种思维方式。它分为横向思维、纵向思维和侧向思维。

经典案例

圆珠笔芯的漏油难题 / 172

一根曲别针的多种用途 / 172

一面镜子解决的问题 / 173

把梳子卖给和尚 / 174

微型冰箱打破垄断格局 / 175

把酒送给美国总统，瞬间打开销路 / 175

思维训练营

多条线索，找到杀兔真凶 / 177

发散思维，赢得职位 / 178

目录

CONTENTS

味精销量大增的秘密 / 179

在采金热中发现商机 / 180

电影院选址的窍门 / 180

名人逸事

徐渭：巧吃竹竿顶上的点心 / 182

毛姆：为自己做广告 / 182

尤伯罗斯：首创奥运会商业运作的“私营模式” / 183

第十一章

哈佛逆向思考术

反其道而“思”之

所谓逆向思考术，从狭义上来说，是指对司空见惯的、似乎已成定论的事物或观点反过来思考的一种思维方式。逆向思维，就是要敢于“反其道而思之”，从问题的相反面进行探索，树立新思想，创立新形象。

经典案例

开发旅游村，贫困变富裕 / 193

运用逆向思维，劣势变优势 / 194

推广新品种，重兵把守玉米地 / 195

想让噪音无，花钱请人踢垃圾桶 / 195

只借1美元，巧用保险箱 / 196

逆向思考，野马汽车风行一时 / 197

骆驼牌香烟自曝其短，反而销量骤升 / 198

| 目 录 |

C O N T E N T S

思维训练营

出其不意，“以火灭火” / 198

骑马比慢，何以很快分出胜负 / 199

反向行之，巧妙过桥 / 200

旅馆如何防止客人顺手牵羊 / 200

狂风暴雨的晚上，解决载人难题 / 201

名人逸事

孙膑：如何让大王从宝座上走下来 / 202

宋太祖：以愚困智解难题 / 202

刘伯承：雨后倒着穿鞋，迷惑敌人 / 203

法拉第：逆向思考，成就世界上第一台发电装置 / 204

易卜生：逆向思维，机智脱险 / 205

第十二章 哈佛联想思考术 打破一切束缚和传统桎梏

所谓联想思考术，顾名思义，就是用联系和想象的方法来思考。联想思维是一种由此及彼、举一反三的思维活动，是人们在认识事物的过程中，根据事物之间的某种联系，由一事物想到另一相关事物的心理过程。

经典案例

用冰制成管子做输油管 / 214

通过给订户送牛奶提升面包、蛋糕销量 / 215

由在冰上钓鱼联想到食品冷冻 / 215
由蜂房结构联想到设计宇宙飞船 / 216
富有想象力的建筑——鸟巢、水立方 / 217

思维训练营

如何让洗衣机洗过的衣服不粘小棉团 / 218
大雪天侦查敌军防线 / 219
牛羊牧场为何还要引进屎壳郎 / 220
发挥联想，“坐飞机扫雪” / 220

名人逸事

怀素：书法和舞剑的对比联想 / 222
汤姆森和卢瑟福：想象出来的原子内部结构模型 / 222
罗琳：火车上萌生创作《哈利·波特》的念头 / 223
艾赫尔别格：联想让文明的变迁成为一幅长卷 / 224

第十三章 哈佛性别思考术
男人来自火星，女人来自金星

所谓性别思考术，是指在思考处理问题时，承认男女之间在思维、性别、情感、行为上的差异，并利用这些差异，采取不同的措施和办法，尽量发挥各自性别上的优势，以寻求利益最大化的一种思维方式。

经典案例

侠客与公主 / 229

目录
CONTENTS

一对恋人的爆笑对话 / 230

一对男女因看球产生的误会 / 231

男女择偶标准的差异 / 232

思维训练营

为什么男人不喜欢女友总讲别的男人 / 233

世界杯期间，女性看球心理分析 / 234

为什么男性更擅长修电脑 / 234

名人逸事

南希·阿斯特：让丘吉尔“甘心服毒”的女人 / 235

兰德尔：女人的钱是最好赚的 / 236

Harvard

第一章

哈佛积极思考术

做事越积极，心情越愉快

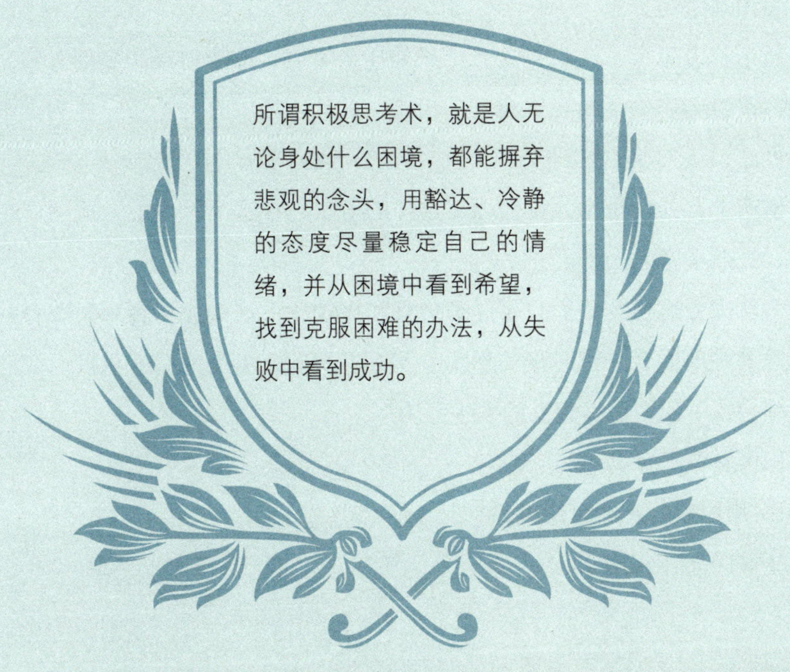
所谓积极思考术，就是人无论身处什么困境，都能摒弃悲观的念头，用豁达、冷静的态度尽量稳定自己的情绪，并从困境中看到希望，找到克服困难的办法，从失败中看到成功。

你改变不了环境，但你可以改变自己，让自己适应环境。

你改变不了现实，但你可以改变人生的态度，正视现实。

你改变不了过去，但你可以改变现在，从今奋发图强。

你不能选择容貌，但你可以展现笑容，让别人喜欢你。

你不能控制他人，但你可以把握自己，做到自信、自律、自强。

你不能延伸生命的长度，但你可以决定生命的宽度，事事尽心。

你不能测量人生的河流有多长，有多深，但是你可以做一只快乐的鱼儿，自由地游荡。

所谓积极思考术，就是人无论身处什么困境，都能摒弃悲观的念头，用豁达、冷静的态度尽量稳定自己的情绪，并从困境中看到希望，找到克服困难的办法，从失败中看到成功。

事实上，我们每个人都会面对这样的事实：在这个世界上，成功卓越的人少，失败平庸的人多。

为什么会这样？我们只要仔细观察和比较一下这些成功者和失败者的思维，尤其是他们在关键时刻的思维，就不难发现，正是他们或积极、或消极的思维导致了他们截然相反的人生经历！

积极思考术有以下几个特点：

1. 用积极的态度看待世界。

2. 将苦恼化为快乐。

3. 永不屈服，永不放弃。把乐观的信念贯彻于自己的行动中，让自己随时感受身边的真善美。

一个人有什么样的思维模式便会产生什么样的现实反应。

经常被消极情绪困扰的人绝不是一个聪明人，下面就是他们的几点表现：

1. 对自己的处境糊里糊涂

意志消沉的人往往很难说清楚自己正在为了什么去做事情，也不知道自己有什么目标。他往往对自己以后打算去做什么，对主观的、客观的事物不能做出正确的判断；他弄不清楚自己所做的事情在哪些方面有益处、哪些方面有害处，所能引起的连锁反应以及后果是什么。

2. 身陷在误区中难以自拔

意志消沉的人认识不到自己身处环境的险恶与所做事情的失误，而是固执己见地走下去、做下去，而且这种“走”和“做”往往都是被动的、具有强烈的依赖性，一旦出现问题，自己没有解脱或解决的办法，不是依赖他人就是听天由命。

3. 错失机遇

他们不会主动地去设计、谋划自己的人生旅程，而是坐等机遇的出现，就像中国古语“守株待兔”中的那个农夫，当他在大树底下坐等兔子来撞死的时间里，身边也许跑过去了成千上万只兔子。

上述表现在工作、学习和生活中也许算不上是致命的缺点，但它却足以让你丢掉本应可以完成的创造过程，也足以让你在惰性的温床上越陷越深，使你的思维陷入一个遇事犹豫不决、不敢尝试、自甘平庸的泥淖之中。

积极思维能使人转败为胜，将弱点转化为力量。使人转弱为强的最有效方法就是建立积极的人生信仰。

为了转败为胜，积极的思维是应进行如下思考：

1. 查看一下你所列的计划，看看在哪个环节中出了偏差，这样的偏差今后是否还有出现的可能。

2. 对引起偏差的原因进行实事求是的分析，然后设计出一个改变它的方案。

3. 充分发挥你的强项，去应对或弥补弱项。

4. 想像一下如果你克服了缺点和不足，将会达到一个什么样的状况。

5. 相信自己是一个有能力的人，虽然这次没有做到，但别人能做到的你也一定能够做到。

6. 请教他人，并相信他们的帮助会助你走向成功。

如果你按照这个步骤去做一遍，我想你的思维就会有所改变，某些弱点和不足就会得以弥补。

事实上，人的整个生命可以变得更坚强、更快乐。更坚定的信仰、对生活更深刻的理解将会为你开启另一扇人生之门。你不仅能精力充沛，可以应付各种问题，而且还会对别人产生积极的影响。

人生是永恒的真实，有各种问题存在。只要你坚决地对消极的思想说“不”，用积极的思维去思考、去行动，你就不会再被任何困难吓倒，积极的思维将伴你走向成功。

积极思考术不仅是一种思维方式，更是一种人生态度。积极的思维可以带给我们积极的行动和反应，无数的事实与科学研究证明，只要你自己不放弃，渴望在这个世界上得到点什么，你就有可能得到它。

积极思考术需要我们有颗乐观的心，下面介绍一些能让我们积极乐观的小窍门。

1. 举止像你希望成为的人

用笔写下你希望成为那个人的优点，然后努力让自己具有这些品质。积极行动会激发积极的思维，而积极思维会赋予积极的人生心态。

2. 做一个对自己的内心有支配能力的人

卡耐基说过：“一个对自己的内心有完全支配能力的人，对他自己有权获得的任何其他东西也会有支配的能力。”当我们开始运用积极的心态并把自己看作成功者时，我们就开始迈向成功了。

3. 用美好的感觉、信心与目标去影响别人

当你的心态与行动日渐积极，你就会慢慢获得一种人生美满的感觉，对人生幸福的感悟也会越来越敏感。很快，别人会被你吸引，因为幸福是可以传染的，人总是喜欢跟积极乐观者在一起，运用别人的这种积极响应来发展积极的关系，同时也能帮助别人获得这种积极态度。

4. 永远也不要消极地认为有些事是不可能的

首先你要认为你能行，然后再去尝试。把成败荣辱这些观念统统抛去，把消极思维消灭在萌芽状态，谈话中不提它，想法中排除它，态度中抛弃它，不再为它提供理由，不再为它寻找借口，把“不可能”抛弃，而用“可能”来替代它。

5. 不要为已经发生的悲剧过分难过

人的一生，很难有一帆风顺的，就连不少叱咤风云的伟人，一辈子也几起几落，历经坎坷。因此，我们要勇于接受已经发生的事实，勇敢地继续我们的行程。“既然已经无法改变了，那就勇敢面对它”。祸兮福所倚，福兮祸所伏，也许，在以后的日子里，你会发现，塞翁失马焉知非福。

就算在沙漠中，也能找到生活的热情

有这样一个故事：一位女作家的丈夫是一位军官，曾奉命到沙漠里参加演习。她也跟随丈夫来到了沙漠里的陆军基地。白天丈夫参加演习，她就独自在营地的小铁皮房子里休息。当时天气热得受不了，而且没有任何人可以聊天，她每天唯一能做的事情就是盼望丈夫早点回来。她感到非常烦闷便写信给父母，说她想要抛开一切回家去。不久，父亲给她回了信，内容很短，只有一句话：“两个人从牢中的铁窗望出去，一个看到的是泥土，一个却看到了星星。”读完父亲的回信，她决定在沙漠中找到“星星”。

从那时起，她开始努力地和当地人交朋友，渐渐地对当地人的生活产生了兴趣。当地人也把自己最喜欢但又舍不得卖给观光客人的物品都送给她。后来，她开始研究那些迷人的仙人掌和各种沙漠植物，学习有关沙漠动物的知识，有时还和当地人一起看沙漠的日落。结果，这个原本令她难以忍受的沙漠环境，如今令她非常兴奋、倍感快乐。

她的热情改变了她对沙漠生活的看法。从那以后，她把原来认为恶劣的环境变为自己一生中有幸经历的最有意义的冒险。以此为基础，她开始了自己的创作，直至《快乐的城堡》与世人见面。

其实，沙漠没有改变，当地人也没有改变，而是女作家的心态由消极转向了积极，慢慢对生活产生了热情。因此，她在沙漠里看到的不再是漫天黄沙，而是美丽的“星星”。

凡事往好处想，才可能峰回路转

一位游客在森林中漫游时，突然遇见了一只饥饿的老虎，老虎大吼一声就扑了上来。他立刻用最快的速度逃开，但是老虎紧追不舍，他一直跑一直跑，最后被老虎逼到了几米高的断崖边。

站在悬崖边上，他想：“与其被老虎捉到，活活被咬死，还不如跳下悬崖，说不定还有一线生机。”

于是，他纵身跳下悬崖，非常幸运地卡在一棵树上。那是长在断崖边的果树，树上结满了果子。

正在庆幸之时，他听到断崖深处传来巨大的吼声，往崖底望去，原来还有一只凶猛的老虎正抬头看着他，老虎的声音令他心颤，但转念一想：“既然都是老虎，被哪只吃掉，都是一样的。”

刚一放下心，又听见了一阵声音，仔细一看，两只老鼠正用力地咬着果树的树干。他先是一阵惊慌，立刻又放心了，他想：“被老鼠咬断树干跌死，总比被老虎咬死好。”

情绪平复下来后，口渴难耐的他看到果子长势喜人，就摘了一些吃起来。他觉得一辈子都没吃过那么好吃的果子，吃饱以后他心想：“既然迟早都要死，不如在死前好好睡上一觉吧！”于是，他靠在树上沉沉地睡去了。

睡醒之后，他发现老鼠不见了，老虎和狮子也不见了。他顺着树枝，小心翼翼地攀上悬崖，终于脱离了险境。原来就在他睡着的时候，老虎实在按捺不住，跳下了断崖。跳下悬崖的老虎一下子吓走了老鼠，还与崖下的另外一只老虎展开了一场激烈的打斗，最后双双负伤逃走了。

积极思考，童年不幸也能过上幸福生活

有这样一个冷酷无情的人，他嗜酒如命且毒瘾很深，一次在酒吧里，他因看一个侍者不顺眼而杀了他，被判终身监禁。

他有两个儿子，年龄相差才1岁：其中一个同样毒瘾很重，靠偷窃和勒索为生，后来也因杀人而坐牢；另外一个儿子却既不喝酒也不吸毒，不仅拥有美满的婚姻，养育了3个可爱的孩子，还担任一家大企业的分公司经理。

同一个父亲，同样的环境，却造就了天差地别的两个人，其原因何在？

在一次私下访问中，有人问起造成他们现状的原因，两人的答案竟然相同：“有这样的老子，我还能有什么办法？”

同样的一句话，其背后的意义却是截然相反。前者认为：“有这样的老子，我还能有什么办法？”——只能是自暴自弃了！而后者却认为：“有这样的老子，我还能有什么办法？”——只能靠自己发愤图强了！美国联合保险公司总裁克莱门·斯通说：“人与人的差别只是一点点，但这小小的差别却有极大的不同。小小的差别是思维方式，极大的不同是，这思维方式究竟是积极的还是消极的。”

出身只代表过去，未来由自己创造

1944年4月7日，施罗德出生在下萨克森州的一个贫民家庭。他出生后的第三天，父亲就战死在罗马尼亚。母亲当清洁工，带着他们姐弟二人，一家三口相依为命。

生活的艰难使母亲欠下许多债。一天，债主逼上门来，母亲抱头痛哭。年幼的施罗德拍着母亲的肩膀安慰她说："别伤心，妈妈，总有一天我会开着奔驰车来接你的！"

40年后，终于等到了这一天。施罗德当上了下萨克森州州长，开着奔驰车把母亲接到一家大饭店，为老人家庆祝80岁生日。

1950年，施罗德上学了。因交不起学费，初中毕业他就到一家零售店当了学徒。贫穷带来的被轻视和瞧不起，使他立志要改变自己的命运："我一定要从这里走出去。"

他想学习。他在寻找机会。

1962年，他辞去了店员之职，到一家夜校学习。他一边学习，一边到建筑工地当清洁工。这样不仅收入有所增加，而且圆了他的上学梦。

四年夜校结业后，1966年他进入了哥廷根大学夜校学习法律，圆了上大学的梦。

毕业之后，他当了律师。32岁时，他当上了汉诺威霍尔律师事务所的合伙人。回顾自己的经历，他说，每个人都要通过自己的努力奋斗，而不是通过父母的金钱来让自己接受教育，这对个人的成长至关重要。

通过对法律的研究，他对政治产生了兴趣。他积极参加政党集会，最终加入了社会民主党。此后，他逐渐崭露头角、步步高升。1969年，他担任哥廷根地区的主席，1971年得到政界的肯定，1980年当选议员。1990年，他当选为下萨克森州州长，并于1994年、1998年两次连任。政坛得志，没有使他放弃做联邦政治家的雄心。1998年10月，他走进德国联邦总理府。

换一个角度思考，就能得到快乐

杰克是一位便利店收银员，收入不高，然而，却总是乐呵呵的，对什么事都表现出乐观的态度。他常说："太阳落了，还会升起来；太阳升起来，也会落下去，这就是生活。"

拥有一部好车，是每个男人的梦想，但是凭他的收入想买车那是不可能的。与朋友们在一起的时候，他总是说："要是有一部车该多好啊！"眼中充满了无限向往。有人逗他说："你去买彩票吧，中了奖就有车了！"

于是，他买了两块钱的彩票。也许是老天开眼，杰克凭着两块钱的一张体育彩票，居然中了个大奖。杰克终于如愿以偿，立刻用奖金买了一辆车，整天开着车兜风，人们经常看见他吹着口哨在林荫道上行驶，车也总是擦得一尘不染的，他就像快乐的天使一样。

然而，有一天，杰克把车泊在楼下，半小时后下楼时，发现车被盗了。

朋友们得知消息后，想到他那么爱车，几万块钱买的车眨眼工夫就没了，都担心他受不了这个打击，便相约来安慰他："杰克，车丢了，你千万不要太悲伤啊！"

杰克大笑起来，说道："嘿，我为什么要悲伤啊？"

朋友们疑惑地互相望着。

"如果你们谁不小心丢了两块钱，会悲伤吗？"杰克接着说。

"当然不会！"有人说。

"是啊，我丢的就是两块钱啊！"杰克笑着说。

哈佛积极思考术

既然车子已经丢了，杰克可以做的，或者是报警，或者是找保险公司，但是车没了这个事实，一时半会是无法改变的。如果自己无法从这个阴影中走出来，气坏自己的身体，只能是“赔了夫人又折兵”。换一个角度思考，就能得到快乐。丢掉生活中的负面情绪，要有一种认识挫折和烦恼的胸怀，这不仅是一种气度，更是一种豁达与洒脱的人生境界。

积极思考方式的神奇魔力

有位秀才第三次进京赶考，住在一个经常住的店里。店老板生性开朗，对秀才说：“好事多磨，这次你肯定没问题。”

秀才听了以后，高高兴兴地住进了店里。

秀才在考试前两天做了三个梦，第一个梦是梦到自己在墙上种白菜；第二个梦是下雨天，他戴了斗笠还打伞；第三个梦是梦到跟心爱的表妹脱光了衣服躺在一起，但是背靠着背。

这三个梦似乎都有些深意，秀才第二天就赶紧去找算命的解梦。算命的一听，连拍大腿说：“你还是回家吧。你想想，高墙上种菜不是白费劲吗？戴斗笠打雨伞不是多此一举吗？跟表妹都脱光了躺在一张床上了，却背靠背，不是没戏吗？”

秀才一听，心灰意冷，回店收拾包袱准备回家。店老板非常奇怪，问：“不是明天才考试吗，今天你怎么就回乡了？”

秀才如此这般说了一番，店老板顿时乐了：“哟，我也会解梦的。我倒觉得，你这次一定要留下来。你想想，墙上种菜不是高种吗？戴斗笠打伞不是说明你有备无患吗？跟你表妹脱光了背靠背躺在床上，不是说明你翻身的时候就要到了吗？”

秀才一听，觉得更有道理，于是精神振奋地去参加考试，居然中了个探花。

哈佛积极思考术

逢年过节，每家每户都愿意讨一句吉利话。这无非都是给自己一个积极的心理暗示。很多时候，别人一句无心的话，也许能让我们振奋或忧虑。秀才本身的实力摆在那里，其实和他做的梦又有什么关系呢？他要别人给他解梦，无非是想让自己的心放踏实一些。其实只要自己拥有积极快乐的心态，你还是你，别人的话又有何妨？积极的人像太阳，照到哪里哪里亮；消极的人像月亮，初一十五不一样。想法决定我们的生活，有什么样的想法，就有什么样的未来。

思维小差异，结果大不同

古时候，有这样一个老太太，她有两个儿子，大儿子是染布的，二儿子是卖伞的，她整天为两个儿子发愁。天一下雨，她就会为大儿子发愁，因为不能晒布了；天一放晴，她就会为二儿子发愁，因为不下雨二儿子的伞就卖不出去了。老太太总是愁眉紧锁，没有过一天开心的日子，弄得疾病缠身，骨瘦如柴。两个儿子没有办法，便把村里最有智慧的教书先生请到家里，来开导老太太。

这位教书先生告诉老太太，为什么不反过来想呢？天一下雨，你就为二儿子高兴，因为他可以卖伞了；天一放晴，你就为大儿子高兴，因为他可以晒布了。在教书先生的开导下，老太太以后天天都是乐呵呵的，身体自然也健康起来了。

哈佛积极思考术

老太太属于典型的“杞人忧天”型。很多时候，鱼与熊掌不可兼得，于是很多人患得患失。为什么我们看不到自己已经得到的东西呢？关于思维，美国成功学学者拿破仑·希尔说过这样一段话："人与人之间只有很小的差异，但是这种很小的差异却造成了巨大的差异！很小的差异就是所具备的思维是积极的还是消极的，巨大的差异就是成功和失败。"是的，一个人面对失败时所持的思维方式往往会决定他一生的命运。

很多事情，换一个角度来看，又是大不一样。积极的心态有助于人们克服困难，使人看到希望，保持进取的旺盛斗志。消极的心态使人沮丧、失望，对生活和人生充满了抱怨，自我封闭，限制和扼杀自己的潜能。

拥有积极思维，创造更多机会

20世纪80年代，可口可乐公司处在一个失去发展空间的悲观情景当中：它以35%的市场份额控制着软饮料市场，这个市场份额几乎是市场和管制的最高点；另一方面，更年轻、更充满活力的百事可乐正展开积极的进攻，而可口可乐似乎只能采取防守的策略，最多是为一两个百分点展开惨烈的竞争。

郭思达在接任可口可乐CEO后，他在高层主管会议上提出了这样的一系列问题：

"世界上44亿人口每人每天消耗的液体饮料平均是多少？"

答案是："64盎司。"（1盎司约为31克）

"那么，每人每天消费的可口可乐又是多少呢？"

"不足2盎司。"

"那么，在人们的肚子里，我们的市场份额是多少？"郭思达最后问道。

这个问题的答案是，可口可乐的市场份额少到可以忽略不计。

哈佛积极思考术

郭思达其实是在引导可口可乐的主管们看到：他们的敌人不是百事可乐，而是咖啡，是牛奶，是茶，他们的敌人是液体饮料。于是，可口可乐被无可限量的前景所唤醒。

美国心理学家杰弗·P·戴维森认为，积极的思维源于对工作和学习的乐观精神，凡事不要想得太悲观、太绝望，否则你眼中的世界将是一片灰暗、一片混沌，工作起来自然也就打不起精神。

一个拥有积极思维的人，无论从事什么工作，都会把工作当成一项神圣的天职，要求自己出色地完成，从而为自己创造更多的机会。

俞敏洪：转换思维，在绝望中寻找希望

“在绝望中寻找希望，人生终将辉煌”。这句话不知道鼓励了多少身处逆境的人。“留学教父”俞敏洪现任新东方教育科技集团董事长兼总裁，全国青联常委、全国政协委员。他被媒体评为最具升值潜力的十大企业新星之一，是20世纪影响中国的25位企业家之一。

据说，在美国、加拿大的任何一所著名高校里，来自中国的留学生，70%是从新东方走出来的。身为“新东方”校长的俞敏洪，经常到北美考察访问，每次当他到附近的中餐馆就餐时，刚一落座，就会有几十个人站起来，同时称呼他“俞校长”。

他是著名的励志大师，他积极的人生态度和诙谐的语言，让不少学子找到了前进的方向和动力。他说：“你可以说自己是最好的，但不能说自己是全校最好的、全北京最好的、全国最好的、全世界最好的，所以你不必自傲；同样，你可以说自己是班级最差的，但你能证明自己是全校最差的吗？

能证明自己是全国最差的吗？所以你不必自卑。”

生活中其实没有绝境。绝境在于你自己的心没有打开。你把自己的心封闭起来，使它陷于一片黑暗之中，你的生活怎么可能有光明？封闭的心，如同没有窗户的房间，你会处在永恒的黑暗中。但实际上，四周只是一层纸，一捅就破，外面则是一片光辉灿烂的天空。

林肯：积极的人生态度让我永不放弃

亚伯拉罕·林肯，是美国第16任总统。他领导了美国南北战争，颁布了《解放黑人奴隶宣言》，维护了美联邦的统一，为美国在19世纪跃居世界头号工业强国开辟了道路，使美国进入经济发展的黄金时代，被称为“伟大的解放者”。

这位伟人一辈子都事事顺利吗？显然不是。以下是林肯进驻白宫前的简历：

1831年，经商失败。

1832年，竞选州议员——但落选了！

1832年，工作也丢了——想就读法学院，但进不去。

1833年，向朋友借钱经商，但年底就破产了，后花了16年才把债还清。

1835年，再次竞选州议员——赢了！

1835年，订婚后即将结婚时，未婚妻却死了，因此他卧病在床6个月。

1840年，争取成为选举人——失败了！

1843年，参加国会大选——落选了！

1848年，寻求国会议员连任——失败了！

1849年，想在自己的州内担任土地局长的工作——被拒绝了！

1854年，竞选美国参议员——落选了！

1858年，再度竞选美国参议员——再度落败。

1860年，当选美国总统。

林肯的伟大，看来不是偶然的。一般人经历这么多次的打击，早已心灰意冷，放弃人生了！积极的人生态度让林肯永不放弃，他在逆境中，不屈不挠，忍辱负重；在胜利之时，不居功自傲，而是始终保持着谦虚质朴，宽厚仁慈的平民本色。这样的人，谁不敬仰和爱戴呢？

戴尔：听从内心的声音，有梦就去追

迈克尔·戴尔在少年时期就勤奋好学，并且显露出非凡的商业头脑。他在十多岁时，就曾卖过邮票。

高中时，他找到一份为报商征集新订户的工作。用了一个小创意，便赚了18万美元。

大学期间，迈克尔·戴尔看到了卖电脑的商机。于是他按成本价购得经销商的存货，然后在宿舍里加装配件，改进性能，这些经过改良的电脑十分受欢迎。戴尔看到市场的需求巨大，于是在当地刊登广告，以零售价的八五折推出他那些改装过的电脑。不久，许多商业机构、医生诊所和律师事务所都成了他的顾客。

由于戴尔一边上学一边创业，父母一直担心他的学习成绩会受到影响。父亲劝他：“如果你想创业，等你获得学位之后再说吧。”戴尔当时答应了，可是一回到奥斯汀，他就觉得如果听父亲的话，就是在放弃一个一生难遇的机会。“我绝不能错过这个机会。”戴尔想。于是，他又开始销售电脑，每月可赚5万多美元。

戴尔坦白地告诉父母：“我决定退学，自己开公司。”

“你的梦想到底是什么？”父亲问道。

“和万国商用机器公司竞争。”戴尔说。

“和万国商用机器公司竞争？”父母听了大吃一惊，觉得他太不自量力了。

但无论他们怎样劝说，戴尔始终不愿放弃自己的梦想。终于，他们达成了协议：他可以在暑假试办一家电脑公司，如果办得不成功，到9月份就要回学校去读书。

得到父母的允许后，戴尔拿出全部积蓄创办了戴尔电脑公司，当时他才19岁。

他的公司第一个月营业额便达到18万美元，第二个月达到26.5万美元，仅仅一年，便每月售出个人电脑1000台。

积极推行直销、按客户要求装配电脑、提供退货还钱以及对失灵电脑“保证翌日登门修理”的服务举措，为戴尔公司赢得了广阔的市场。

大学毕业的时候，迈克尔·戴尔的公司每年营业额已达7000万美元。以后，戴尔停止出售改装电脑，转为自行设计、生产和销售自己的电脑。

目前，戴尔是全球增长最快的计算机公司之一，全球雇员超过80000名。在美国，戴尔是商业用户、政府部门、教育机构和消费者市场名列前茅的个人计算机供应商及服务器供应商。假如戴尔不思进取，没有坚持梦想的话，那他是不可能成为世界富豪的。

本田宗一郎：愈挫愈勇，办法总比问题多

1938年时，本田宗一郎还是一名学生，为了研制出更完善的汽车活塞环，他变卖了所有家当，一心一意地投入到研究中，功夫不负有心人，产品终于研制出来了，并且被送到丰田公司，但却被认为品质不合格而被打了回来。为了能制造出合格产品，他重回学校苦修了两年。两年之后，他终于成功了，完成了他长久以来的心愿。但是此后一切并没有一帆风顺，他又碰上了新问题。二战时期，日本一切物资都很紧张，政府禁卖水泥给他建工厂。

本田没有怨天尤人，他相信自己一定会成功。最后他决定另辟蹊径，和工作伙伴一起来研究新的水泥制造方法，等待工厂建好。战争期间，这座工厂遭到美国空军的轰炸，毁掉了大部分制造设备。然而对于本田宗一郎来说，灾祸并没有结束，此后，他们又碰上了地震，工厂被夷为平地。这时，

本田不得不把制造活塞环的技术卖给丰田公司。虽然遭到一系列的打击，他仍很清楚迈向成功的路怎么走。

二战后，日本汽油十分短缺，大多数日本人根本无法开着车子出门。这时，本田又一次看准商机，决定成立一家工厂，专门生产用脚踏车改装的摩托车，但是他又遇到了一个大问题：资金短缺。

他决定无论如何要想出办法来，最后决定求助于日本全国的18000家脚踏车店。他给每一家脚踏车店用心写了一封言辞恳切的信，最终说服了其中的5000家，凑齐了所需资金。经本田改装的摩托车一经上市便被抢购一空，随后他的车又外销欧美，同样获得了好评，本田终于成功了。

你改变不了环境，但你可以改变自己；你改变不了现实，但你可以改变态度；你控制不了他人，但你可以把握自己。用积极的态度面对一切，你才可能转败为胜。

Harvard

第二章

哈佛冷门思考术

开辟崭新的思维视野

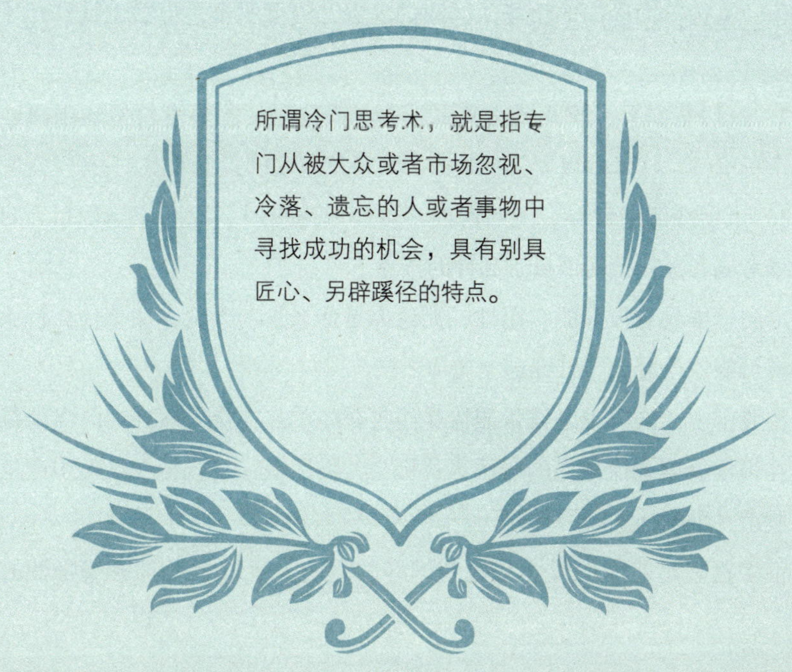

所谓冷门思考术，就是指专门从被大众或者市场忽视、冷落、遗忘的人或者事物中寻找成功的机会，具有别具匠心、另辟蹊径的特点。

冷门思考术是成功者最常用的武器之一，许多人就是依靠冷门思维来发家致富的。

所谓冷门思考术，就是指专门从被大众或者市场忽视、冷落、遗忘的人或者事物中寻找成功的机会，具有别具匠心、另辟蹊径的特点。

为什么说掌握冷门思维是我们在如今社会生存的必备技能呢？因为它具有以下的特点：

1. 冷门情况下的竞争者比较少。大家都能看到的发财机会，会一窝蜂地去争，去抢。而冷门的市场，问津的人少，门可罗雀，自然也就没有什么竞争。

2. 冷门情况下，投入成本较低。市场冷清时，很多有价值的东西远远低于市场价格，你可以以非常低的成本获得比较大的投资收益。

3. 市场冷清的时候，短时间内不可能成为热门，可以让你有充分的时间来思考或者进行投资项目、品种的选择。

冷门思维具有极强的实用性，无论你是什么人，无论你从事什么行业，你都有可能依仗着冷门思维走上成功之路。

在股市中，冷门思维常常能让我们收获颇丰。在众人疯狂的时候保持冷静，在市场极度恐慌低迷的时候寻找机会，俗话说："行情在绝望中产生，这是股市一个颠扑不破的真理。

很多投资足彩的朋友相信也有同样的看法。足球是最具有戏剧性的运动，一场足球比赛的胜负并不是简简单单靠两支队伍的实力就能解释清楚的。如果能够以小搏大，投资一些中游球队，可能比跟着大众投资热门赢利的机会还要大一些。

其实就算不投资创业，在我们日常生活中，冷门思维也具有极强的应用性。比如填报高考志愿的时候，今天的冷门专业也许就是明天的热门专业，而今天的热门专业等你毕业的时候说不定已经是冷门专业了。如果学会规避热门和选择冷门，就能更好地规划自己的人生。

可乐进军中国市场，看到喝饮料的可能

中国是一个有着喝茶传统的国家，而茶的味道和可口可乐毫无共同之处。80年代初，美国可口可乐公司看到了中国这个潜在的巨大市场。

他们发现，茶文化和速食文化其实是出在两个不同的方向，茶讲究品，而可口可乐是即开即用，讲究一个快。当时，中国大陆还没有真正意义上的饮料。

可口可乐认为，也许这正是一个好机会。于是想把他们的产品打进中国市场。可口可乐公司先以免费试喝的方式在北京、上海、广州三大城市进行街头调查。调查的结果令他们很失望，70%的人不能接受这种味道，说喝起来像咳嗽药水，能接受的只有10%，还有20%的人无法表示明确的态度。

面对这种情况，可口可乐公司的一位高层人员想到中国处于长期封闭的状态，一般民众对美国一无所知，对世界充满了憧憬与幻想。因此决定重新进行一次免费试喝街头调查。这次调查和前一次的不同之处在于，让消费者试喝之前就告诉他，可口可乐是美国文化的象征，是美国人几乎每天都要喝的饮料。

这次调查的结果和第一次几乎完全相反。表示能接受的人达到了70%，不能接受的下降到20%，无法表示意见的占10%。可口可乐公司信心大增，于是投入大量的人力和物力进行宣传，可口可乐的形象逐渐在中国消费者的心目中生根发芽，很快便横扫了中国饮料市场。

从不起眼处，发现孔道流水规律

物理学上有个“孔道流水规律”，它的发现也有个故事。美国麻省理工学院的谢罗皮教授在洗澡时，拔下澡盆的活塞放水，他发现水流在排水口形成了漩涡，是向左旋的。

这件不起眼的小事，引起了他的好奇。以前没人注意过孔道里的水的流向，但是这却引起了他的注意。

于是他又在其他器具上做实验，并且观察河流中的漩涡，结果发现它们都是向左旋的。教授于是联想到，这种现象大概与地球自转的方向有关……

最后，这位教授总结出了“孔道流水规律”，提出了一种新的理论，在研究台风等方面具有很大的实用价值。

卖保险柜的帮忙缉拿逃犯，生意红火

“如果你想毁掉一个人，请让他来到纽约，因为这里是地狱；如果你想一个人过得更好，请让他来到纽约，因为这里是天堂。”带着发财梦的汤姆在纽约市的一个热闹地区租了一家店铺，满怀希望地做起保险柜的买卖。

然而，生意惨淡，虽然店里形形色色的保险柜排得整整齐齐，每天有成千上万的人在他的店前经过，但是却很少有客人光顾。

看着店前来来往往的人群，汤姆终于想出了一个可以走出困境的办法。

第二天，他匆匆忙忙地前往警察局借来正被通缉的罪犯的照片，并把照片放大好几倍，然后贴在店铺的玻璃上，照片下面附上一张缉拿罪犯的说明。

照片贴出来后，过往的行人看到这些大幅照片，纷纷驻足观看。人们看到了逃犯的照片，产生了一种恐惧心理，本来不想买保险柜的人，此时也想买一台。因此，汤姆的生意很快就出现了明显的转机，滞销变成了热销。

不仅如此，因为他贴出了案犯的照片，让这些案犯的嘴脸人人皆知，使警察局得到了价值非凡的线索，顺利地缉拿到了案犯。

于是，汤姆还荣幸地领到了警察局的表彰奖状，媒体对此也做了大量的报道。他也毫不客气地把表彰奖状连同报纸一并贴在玻璃窗上，可谓锦上添花，生意也更加红火了。

高空抛手表，打破瑞士表的垄断地位

瑞士以手表和巧克力闻名世界，尤其是瑞士的手表，以其性能精准、持久耐用和款式经典雄踞世界100多年。但总有一些他国的手表制造者想尝试与手表王国一争高下。

“西铁城”手表就是其中的一个。当时，日本研制出了一款性能良好的“西铁城”手表，又一次向钟表王国发起了冲击。

但是，要在几乎垄断了手表业的瑞士打开产品销路，谈何容易。刚上市的时候，“西铁城”手表并不受人赏识，无法打破瑞士手表控制手表行业的局面。连续的亏损让“西铁城”愁眉不展，多次为此专门召开公司高级职员的会议，来商量对策。

许多人都将打开销路的目光放在了广告上。

对于具体操作手法，大家各抒己见。有的说做媒体广告，有的说做赠送促销，还有的说通过破坏性实验来提高知名度。

经过很长时间的讨论，最终，大家想出了一个大胆的方案。

不久，“西铁城”通过新闻媒体发出了一条令人咋舌的消息，某时将有一架飞机在某地抛下一批“西铁城”手表，谁拾获手表就归谁。这条消息在社会上引起了很大的轰动，街头巷尾都在谈论这则消息。

到了指定的那天，人们怀着好奇和怀疑的心情，潮水般地拥向指定地点。

不一会儿，只见一架直升机降临在人群的上空，盘旋片刻后，在百米高空向人群旁的空地上洒下一片“表雨”。期待已久的人们，拥上去拾表。抛下的表是如此之多，以至于大家都有所收获。而拾获手表的人们在惊喜之余还发现：“西铁城”手表自空中丢下后，居然还在走动，甚至连外壳都未受损害，于是，人们对“西铁城”手表的质量连连称奇。人们不禁感叹：“‘西铁城’的表真是精良耐用，名不虚传。”

后来，电视台又播放了这次抛表的实况录像，使“西铁城”很快便深入人心，那些没有在现场的人也对“西铁城”手表充满兴趣，销路一下打开了。“西铁城”也成为世界知名的手表品牌。

思路决定出路。永远都可能有更好的办法出现，永远都可能想出新的办法。当你再次遇到困难时，就想一想“西铁城”手表的故事，然后微笑着告诉自己：没有什么不可能！

别看清洁工不起眼，人缘好照样赚大钱

罗琳太太是一家500强公司的清洁工，她手脚不是很勤快，但嘴巴却总是闲不住，经常与人搭讪，身边的手提电话也是天天响个不停，好像比公司的经理还要忙。

一天，公司的员工们聚在一起聊天，汤姆突然感叹道：“我们连罗琳太太都不如啊！”见到别人诧异，他又说：“你猜她每个月能赚多少钱？”

一个清洁工，薪水再高能高哪儿去？有人说500，有人说800，但汤姆只是摇摇头，伸出了四个指头，于是有人就“大胆”地预测：“不会是4000吧，挺厉害的呀。”

“什么4000？是4万美元！她每个月至少可以赚4万！”

"不会吧？"大家惊讶得眼珠子都差点掉下来。

"是她自己跟我说的。"汤姆笑着说，"罗琳太太还说，做清洁工只是一个平台，我觉得她完全可以做一个CEO了！"

原来，罗琳太太借着到公司做清洁工，打听公司里谁需要找钟点工，谁需要租房子，然后就当起了中介，收取中介费。罗琳太太还自己买了一套房子，并以一万美元的月租把这套房子租给了一个大公司的总裁。

不仅如此，罗琳太太借清洁工这个身份还发展出她的另一项业务——卖保险。公司里面有不少员工都已经向罗琳太太买了几万元的保险。

困境也是机会，看你如何应对

在一次评选香港小姐的决赛中，为了测试参赛小姐的思维速度和应对技巧，主持人提出了这样一个难题："假如你必须在肖邦和希特勒两个人之中，选择一个作为终身伴侣的话，你会选择哪一个呢？"

哈佛冷门思考术

如果选择肖邦，这个答案中规中矩，很难有出彩的地方，特别是在决赛中，一个小细节都可能改变评委的看法；如果用冷门思维选择希特勒的话，就必须要能够自圆其说，把这个反面人物漂白过来。

结果，一位参赛小姐是这样回答的："我会选择希特勒。如果嫁给希特勒的话，我相信我能够感化他，那么第二次世界大战就不会发生了，也不会有那么多的人家破人亡。"

把书送总统，滞销书变脱销书

一出版商有一批滞销书久久不能脱手。他忽然想出了一个主意，给总统送去一本书，并三番五次去征求意见。

忙于政务的总统不愿意与他纠缠，便回了一句："这本书不错。"出版商便大做广告："现有总统喜欢的书出售。"于是，这些书被一抢而空。

不久，这个出版商又有书卖不出去，又送来一本给总统。总统上过一回当，想奚落他，就说："这本书糟糕透了。"出版商听后脑子一转，又做广告："现有总统讨厌的书出售。"有不少人出于好奇，争相抢购，书又售尽。

第三次，出版商将书送给总统，总统吸取了前两次的教训，便没作任何答复。出版商却大做广告："现有令总统难以下结论的书出售，欲购从速。"居然又被一抢而空。总统哭笑不得，商人调动了总统这只猛虎，大发其财。

哈佛冷门思考术

总统是谁？国家的元首，岂能够简简单单地为人做宣传？抱有这个想法的人是大多数人，而这个出版商却看到了其中的门道，用自己的智慧"涮"了一把总统，把自己的滞销书也顺着总统的"东风"给送了出去，这就是冷门思维的魅力。

做生意就是要做别人想不到的

浙江嘉兴有一位姓张的农民，在他们的村子里十分有名气。"别人养鱼时，他养鳖，大家都养鳖了，他又养起了鳄龟。老张脑子很活络，看市场很准！"村子里的养殖户一提起他，个个都会竖起大拇指。

老张是怎么想到养鳄龟的呢？他说自己是一个喜欢尝试的人，要赚钱就得争取吃到市场“头口水”。

2000年，有着多年甲鱼养殖经验的老张一直考虑着改养其他东西：“那时养甲鱼的人越来越多，我估计效益会走下坡路。”

一天，他去嘉善办事时碰到一个上海人进了批从美国进口的鳄龟苗来卖：“这些长相奇特的小东西可贵了，八九克重的小鳄龟苗要90元一只，另外一个品种叫大鳄龟，苗要225元一只，要知道那时候甲鱼苗才2元钱一只啊。”

好奇的老张回家后马上查阅资料，当了解到鳄龟出肉率极高，全身是宝，是众多龟类中的佼佼者时，他抱着试试看的心情把90只小鳄龟苗“领”回了家。

虽然一开始由于缺乏养殖经验，鳄龟的存活率仅68%，但卖掉后一算，依然小赚了一笔。

“想不到市场这么好。”老张感叹道。尝到了甜头后，他不断扩大养殖规模。之后的几年，老张每年都会把很多鳄龟销往广州，年收入超过了20万元。

当记者问起养鳄龟是不是很费心时，老张笑着摆摆手说：“鳄龟很好伺候的，比甲鱼生存能力要强。只要掌握它的习性，按时喂食、定期换水消毒，养起来很容易。我现在养的小鳄龟存活率在95%以上，大鳄龟存活率在98%以上。”

成熟的大鳄龟给老张带来了丰厚的利润，也让老张有了更多的资本寻找下一个养殖目标。下次养什么呢？老张爽朗地笑了：“养别人都没养过的！”

哈佛冷门思考术

做生意就是要做别人想不到的。养鱼、养鳖都是常见的，自然竞争是异常的激烈，如果养一些冷门的水产物，销路一定火爆。但是敢于养一些新的物种，不仅需要冷门思维，也需要无比的勇气和智慧。当然，一旦成功，你也将获得丰厚的回报。

用不同视角观察和思考寻常事物

李克用是五代初的著名军事统帅。他身材高大、威武，可惜在战争中被打瞎了左眼，右腿也瘸了。有一天，李克用心血来潮，想要一张自己的画像，于是便下令召有名的画师为他画像。

画像有两个要求：第一，要真实；第二，不能有损尊严。画得好的有重赏，画得不好的要杀头。

第一个画家照实把李克用的样子画了出来，像极了。李克用看后说："把我画得太丑了。"于是画家被杀头了。

第二个画家把他的两眼画得炯炯有神，腿也不瘸。李克用看后说："这不是真实的我。"结果又把这个画家给杀了。

第三个画家吸取了前两位画家的教训，完成了画像。李克用看后非常满意，因为画像既表现了他威武的精神面貌，又掩盖了他的瘸腿和一只瞎眼的缺陷。因而这位聪明的画家得到了重赏。

那么，第三个画家是怎样画李克用的呢？

原来，这位聪明的画家把李克用设想为在打猎，画的是李克用手拿弓箭，瘸腿单跪在地上，一只瞎眼紧闭，一副正在瞄准靶子，准备射击的样子。

哈佛冷门思考术

这位画家很聪明，在面临被杀的生死关头，急中生智想出了这么一个绝妙的主意，画中的李克用既保持了原貌又掩盖了缺陷。

任何人只有根据自己所面对的实际问题，激发起自己的思维细胞，用不同寻常的视角来观察和思考寻常事物，才能走出"山重水复"的困惑，观赏到"柳暗花明"的美景。

诸葛亮：择贤主不拘一格

“良禽择木而栖，贤臣择主而侍”，一个再伟大的人，无论是在仕途还是思想上，他都需要一个引路人，在最开始的时候就需要站好队，找到一个靠山。

在三国时期，诸葛亮是一个无双国士。在隐居隆中时，他读书交友、静观天下之变，经过十年的艰苦磨砺，诸葛亮已经成为一名志向远大、学识渊博、见解独到的青年才俊，而且诸葛亮还拥有很多别人没法拥有的资源。

第一，诸葛亮有一个好背景。诸葛亮祖上是做官的，他的祖父是做官的，而且还做得很大，他的父亲和叔叔也都担任过地方官，所以他是官宦人家，官场里的关系他也是有一些的。

第二：诸葛亮的志向极其远大。据说诸葛亮和他的几个年轻朋友石韬、徐庶、孟建一起聊天的时候，他说过这样的话，你们几个如果从政至少可以做到一个郡首，大家反问那你呢？诸葛亮笑而不言，只是笑，不回答。他的志向是“每自比管仲、乐毅”，诸葛亮的目标很清楚，出将入相，建功立业。

那么为什么诸葛亮选择了当时可谓“一穷二白”的刘备呢？其实这里面也蕴含了冷门思维的原理。

当时，刘表、曹操和孙权都在招人。刘表，主宰荆州，也是一方霸主，但是可惜不会用人；曹操兵强马壮，也能知人善用，可惜疑心重，而且手下的人才实在太多了，诸葛亮就算去了也不一定能显露出来；孙权一文一武两个重臣，一个张昭一个周瑜，都是孙策的母亲认过干儿子的，诸葛亮的地位在开始一定在他们之下。

所以，诸葛亮的冷门思维在于，他寻找的主公是一个将来能够成就霸业或者帝业的，退一步，不能成就帝业成就霸业，称霸一方也可以，未来的主公现在应该是虎卧平阳，龙困潜水的英雄。而刘备是很符合诸葛亮的标准的，第一，他有帝王之份，就是他有成为一个皇帝的可能性，刘备是刘氏宗室，是皇帝家族的人，而且细细排起来，当今圣上还得唤他一声叔叔，叫做刘皇叔。第二，刘备的形象好，有帝王之相，两耳垂肩，双手过膝，帝王之相。第三条就是刘备有帝王之志和帝王之术，他不仅想称霸中原，也能知人善用。

所以，最终诸葛亮在刘备的三顾茅庐之下出山，辅佐刘备，成就了自己一世的英明。

霍英东：从冷门市场看到入市可能

香港有很多人都是白手起家，从一穷二白变成举世闻名的亿万富翁，比如霍英东，当年就是靠冷门思维而逐渐发迹的。

中国香港作为沟通日本、东南亚、大洋洲及太平洋沿岸各国的重要商埠和大陆东南沿海地区重要的交通枢纽，城市发展十分迅速，城市里高楼大厦鳞次栉比，因此建筑业发展速度很快。于是建材市场一片火爆，很多人想进入这个市场发财，但是和建材有关的河沙市场却很少有人问津。原因是，从海底淘沙用工量太大、利润太少，所以企业家们很少光顾。

霍英东看到了这个商机，于是他详细分析了河沙市场的需求潜力和发展前景，分析了改进作业方法、降低用工量、提高劳动生产率的可能性，做出了冷门入市的大胆决策。

随后，他说干就干，派人到欧洲引进现代化的淘沙机器。这种大型挖沙船20分钟就可挖出2000吨沙子，沙子进船就近卸货，白花花的银子就到手了。

被冷落的市场成了他的财源，淘沙船成了他的摇钱树，大堤成了他的聚宝盆。没过多久，霍英东就变成了腰缠万贯的富翁，很多人看到霍英东发财以后，也想来投资河沙市场，可是“早起的鸟儿有虫吃”，此刻霍英东已经取得香港海沙供应的专利权了。

戴维森：从未想过的谋生方式

在第二次世界大战期间，几乎没有人比阿伯特·戴维森的谋生方式更奇异了。这话得从他拒绝向乞丐施舍一个硬币说起。

“赏个小钱吧，先生。”一天，一个流浪汉向他乞讨。

当时的戴维森是个演员，已经“休息”了很长时间。因此他没好气地说：“别纠缠我，我也是身无分文。”

在乞丐转身走开时，戴维森发现他虽然失去了左臂，但是脸色红润，衣着一点也不破烂。

“等一等，”戴维森把他叫住，问道，“你知道我为什么一个子儿也不给你？”

乞丐不屑地摇了摇头。

“因为你看上去境况比我要好，”戴维森告诉他，“你跟我来。”

回到住所，戴维森拿出自己的化妆盒，开始朝那人的脸上涂抹油彩。一会儿工夫，那人就有了一副苍白的面容，脸上呈现出憔悴的皱纹，头发也被儿剪子剪得乱蓬蓬的。

“你昨天挣了多少钱？”戴维森问。

“4元。”

“那好，去试试今天能否多挣一些钱。”

两天后，这个乞丐来到戴维森的住所，交给他5元钱。化妆后的第一天，他挣了30元钱，这个数目近乎于他从前最高所得的7倍。

没过多久，其他乞丐也纷纷前来求助。

这个演员向每个人收费两元钱。他把他们装扮成一副孤独凄苦和绝望无助的样子，提示他们恰当掌握哀诉的嗓音。

在头一个月里，他每天给18个乞丐常客化妆。

一年工夫，他搬进了一所条件良好的住宅，有了一部小汽车和一大笔银行存款。

一连16年，他忘记了自己当演员的生涯，接触了成千上万的纽约乞丐。

后来有一天，纽约市政厅向他们颁布了一项禁令。这不是一项明智之举，因为这些人全是选民。

一次，2万名乞丐在布朗克斯举行集会。这些人中，有1.7万人是（或曾经是）戴维森的顾客。

他们的首席发言人在会上宣布："我们需要的是能为我们说话的受过教育的人。"有人提议阿伯特·戴维森当乞丐协会的秘书长，于是得到了一致同意。

就这样，戴维森成了纽约市乞丐协会的秘书长。

戴维森承认，他从未梦想过这种指点乞丐行讨的行当会像滚雪球似的越滚越大。这样干了几个月后，他发现自己再难独撑下去，因此不得不去请几位演员同伴来做帮手。

希尔顿：让被忽略的地方都长出黄金来

老希尔顿就是一位善于冷门思考的人。老希尔顿创建希尔顿旅店帝国时，曾指天发誓："我要使每一寸土地都生长出黄金来。"

无疑他是杰出者，杰出人士特有的目光使他从不忽略任何一次生财的机会，任何一寸他所辖的土地都不会休闲静睡。

70年前，希尔顿以700万美元买下华尔道夫——阿斯托里亚大酒店的控制权之后，他以极快的速度接手了这家纽约著名的宾馆。一切都欣欣向荣，开始进入最佳营运状态。在所有的经理们都认为已充分利用了一切生财手段、再无遗漏可寻时，希尔顿依旧像园丁一样，一言不发地查找着可能被疏忽闲置的缝隙。

人们注意到，他的脚步时常在酒店前台有所停顿，他的眼光像鹰一样，注视着大厅中央巨大的通天圆柱。当他一次次在这些圆柱周围徘徊时，侍者们都意识到，又有什么旁人意想不到的高招儿闪现在他的大脑里了。

希尔顿推敲过这些柱子的构造后发现，这四根空心圆柱在建筑结构上没有支撑天花板的力学价值。那么它们存在的意义是什么呢？！美观吗？但没有实用价值的装饰，无异于空间的一种浪费。希尔顿最不能容忍的就是一箭只射一雕。

于是，他叫人把它们迅速改造成四个透明玻璃柱，并在其中设置了漂亮的玻璃展箱。这时，这四根圆柱就不仅仅是装饰性的了，在广告竞争激烈的时代，它们便从上到下充满了商业意义。没有几天，纽约那些精明的珠宝商和香水制造厂家便把它们全部包租下来，纷纷把自己琳琅满目的产品摆了进去。而老希尔顿则坐享其成，每年都由此净收24000美元租金，折合成现在的金额，便是20万美元。

当这些普普通通的柱子明显地转变为种金之地时，希尔顿又到别的地方考察去了。在别人看似面面俱到、滴水不漏的现状中，希尔顿依旧不知足地寻找着生长金子的每一个缝隙。

巴菲特：从别人想不到的地方赚钱

沃伦·巴菲特——全球著名的投资商，他的大名在全球化的今天可谓是无人不知，无人不晓。

他从小就极具投资意识，他钟情于股票和数字的程度远远超过了家族中的任何人。

他满肚子都是挣钱的道儿，五岁时就在家中摆地摊兜售口香糖。稍大后他带领小伙伴到球场捡大款用过的高尔夫球，然后转手倒卖，生意颇为红火。上中学时，除了利用课余时间做报童外，他还与伙伴合伙将弹子球游戏机出租给理发店老板，挣取外快。

总之，他善于从别人想不到的地方赚钱。

巴菲特还很擅长用冷门思维进行投资。1966年春，美国股市牛气冲天，但巴菲特却坐立不安，心有疑虑。因为尽管他的股票都在飞涨，但他却发现很难再找到符合他标准的廉价股票了。1968年5月，当股市一路凯歌的时候，巴菲特却通知合伙人，他要隐退了。随后，他逐渐清算了巴菲特合伙人公司的几乎所有的股票。1969年6月，股市直下，渐渐演变成了股灾，到1970年5月，每种股票都比上年初下降了50%，甚至更多。1970年到1974年间，美国股市就像个泄了气的皮球，没有一丝生气，持续的通货膨胀和低增长使美国经济进入了“滞涨”时期。然而，一度失落的巴菲特却暗自欣喜，因为他看到了希望，财源即将滚滚而来——他发现了太多的便宜股票。

巴菲特总是能看到别的投资者看不到的商机和股票，对于被称为“股神”，他表示自己只是遵循了他自己的投资方法：把股票看成许多微型的商业单元；把市场波动看作你的朋友而非敌人（利润有时候来自对朋友的“愚忠”）；购买股票的价格应低于你所能承受的价位。

Harvard

第三章

哈佛放弃思考术

以退为守，避开前进路上的障碍

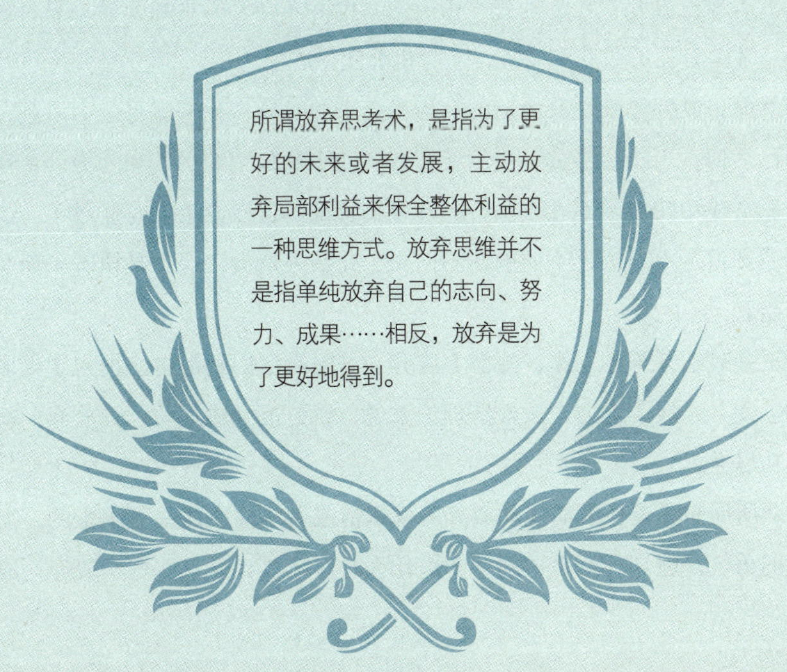

放弃思考术是指为了更好的未来或者发展，主动放弃局部利益来保全整体利益的一种思维方式。

放弃思维并不是指单纯放弃自己的志向、努力、成果、自己的情感……相反，放弃是为了更好地得到，是在进行新一轮的进取。

在复杂多变的今天，很少有人能够独善其身，为了生活，人们常常忙得焦头烂额，要想在复杂、喧闹的尘世中获得一份心灵的净土，就必须学会放弃。

只有懂得放弃，才会拥有一份成熟，生活才会变得更加容易；只有放弃旧的，才会有新的收获和发现，才有机会获得成功。

然而，放弃思维是有前提的。当机会来的时候，我们就得全力以赴，不让自己后悔；当机会逝去，我们就要有“壮士断腕”的勇气和魄力。古往今来，获得成功的例子不胜枚举，大凡成功者都知道该放手的时候放手，当一条路明知道走不通，还不撞南墙不回头，死钻牛角尖，这不是执着，而是顽固与愚蠢。

很多人不愿意在工作、感情上放弃，是因为他们觉得自己投入了太多的时间、爱、金钱、努力，按经济理论来说，就是沉没成本。一旦放弃，就等于前功尽弃。

众所周知，要让人们主动放弃一件事情或者一样东西是很困难的，需要很大的勇气，但真理就是这样：知道什么时候该放弃并且能勇于放弃，成功才会向你走来。

放弃失恋带来的痛楚；放弃屈辱留下的仇恨；放弃心中所有难言的负荷；放弃耗费精力的争吵；放弃没完没了的解释；放弃对权力的角逐；放弃对金钱的贪欲；放弃对虚名的争夺……凡是次要的、枝节的、多余的，该放弃的都应放弃。

放弃，是一种境界，是自然界发展的一种必由之路。

同样道理，漫漫人生路，只有学会放弃，才能轻装前进，才能不断有所收获。一个人倘若将一生的所得都背负在身，那么纵使他有一副钢筋铁骨，也会被压倒在地。

什么时候学会放弃，什么时候便学会了成熟。

很久以前，一个人请教智者如何才能得到自己想要的东西。智者带他来到一条由五彩石铺就的小路，给他一个背篓，要他把小路上他喜欢的石头都捡进背篓里。

只见小路上的石头形态各异，个个招人喜欢，于是这个人无论是什么颜色的石头都一一捡进去，终于，他双肩沉重得支持不住，一跤跌倒。

智者见状，让他把最喜欢的石头留下，其余的统统扔掉。这样一来，他顿感轻松无比，很快抵达终点。

虽然他放弃了太多五彩斑斓的石头，但他获得了轻松、愉快的心情，还有一块最大、最耀眼的七彩石。

所以我们说放弃思维并不是消极的等待，而是积极的进取，放弃是为了更好的得到。

学会放弃，是放弃那种不切实际的幻想和难以实现的目标，而不是放弃为之奋斗的过程和努力；是放弃那种毫无意义的拼争和没有价值的索取，而不是丧失奋斗的动力和生命的活力；是放弃那种金钱地位的搏杀和奢侈生活的追求，而不是失去对美好生活的向往和创造。好好清理一下自己的大脑

漫漫人生路，只有学会放弃，才能轻装前进，才能不断有所收获。一个人倘若将一生的所得都背负在身，那么纵使他有一副钢筋铁骨，也会被压倒在地。

吧！把那些你应该放弃的东西，统统地扔到垃圾箱里，轻装上阵！

有的人之所以感觉活得很累，无精打采，是因为他们习惯将一些事情藏在心里，结果把自己折腾得疲惫不堪。其实，让人放不下的通常不过是财、情、名这几方面。想开了，想透了，就会看淡，也就放得下了。

放弃不是颓废，不是厌世，而是一门学问。可以说，什么时候学会放弃，什么时候就成熟了。生活中许多有巨大潜能的人们被一些次要、渺小、非主流的东西阻挡了前进之路，有些人甚至因为不懂得适当地放弃而毁了自己的一生。

那么，我们应该怎样做呢？以下是一些建议：

1. 把着眼点放在较大目标上

因小失大的人就像一个没有做成生意的售货员一样，他向经理报告说："是的，买卖没做成，但我肯定是那位客人错了。"在销售中，重要的是做成生意，而不是分辨谁对谁错。

婚姻中、重要的目标是幸福、平静，而不是谁在争吵中取胜。

在与朋友一起合作中，重要的是发挥他的潜力，而不是就他们犯的小错误大做文章。

在与邻居相处时，重要的是互相尊重与友好相处，而不是总盯着他们是否在说别人的闲话。

如果用部队里的术语来说，我们宁愿失去一场战斗，而赢得一场战争；也不愿因赢得一场战斗，而失去一场战争。

2. 问自己"这是否真的很重要"

在每次消极的激动之前，问问自己："这事值得我那样大动干戈吗？"没有比这一提问能更好地治疗为麻烦事而烦恼、激动的药方了。如果我们碰到麻烦事时，问自己一声："这事是否真的重要？"那么，至少90%的争吵将不会发生。

3. 不要掉进琐事的圈套中

在演讲、解决问题、与同学交谈时，多想那些重要的事。不要为一些表象、肤浅的事情所苦恼，集中精力于大事上。

真正的智者，懂得何时该放弃，他们懂得放弃之中蕴藏的机会，放弃了才能有新的，才有机会获得成功。这样的放弃其实是为了得到，是在放弃中开始新一轮的进取，绝不是低层次的三心二意。拿得起，也要放得下；反过来，放得下，才能拿得起。荒漠中的行者知道什么情况下必须扔掉过重的行囊，以减轻负担、保存体力，努力走出困境而求生。该扔的就得扔，连生存都不能保证的坚持是没有意义的。

放弃种族歧视，凯迪拉克起死回生

美国大萧条时期，整个汽车市场极度萎靡，豪华车市场几乎陷入崩溃。通用汽车公司的凯迪拉克所面临的问题是：究竟是选择彻底停止生产，还是暂时保留这一品牌等待市场行情好转。

董事会执行委员会正开会决定凯迪拉克的命运时，尼古拉斯·德雷斯塔德特敲门请求委员会给他十分钟时间以陈述自己的方案。

这不能不说是个冒昧的举动，就好比红衣主教们在梵蒂冈西斯廷教堂开会选举教皇时，一名教区神父敲门要求提出建议一样。但是，德雷斯塔德特却告诉委员会他有一个方案可以使凯迪拉克在18个月内扭亏为盈，不管经济是否景气。

他根据自己对凯迪拉克在全国各经销处服务部的观察提出了一套方案。

当时，凯迪拉克采取的是“声望市场”策略，为争夺市场制定了一项战略：拒绝向黑人出售凯迪拉克汽车。

尽管公司采取了这样的种族歧视政策，德雷斯塔德特还是在各地的服务部发现客户中有很多人是黑人精英。他们大多为拳击手、歌星、医生和律师，即使在20世纪30年代经济萧条时期，他们也有丰厚的收入。

这些黑人精英们在那个年代通常买不到象征社会地位的商品，不能住进高档住宅区，无法光顾令人目眩神迷的夜总会。但是，他们可以很容易地绕过通用汽车公司的禁售政策——付给白人一笔钱让他们出面帮助购买。

德雷斯塔德特极力主张执行委员会抓住这一市场。为什么那些白人出面当一次幌子就能赚几百美元，而通用汽车公司却要主动放弃这个市场呢？执行委员会接受了这一主张，很快在1934年，凯迪拉克的销售量增加了70%，整个部门也真正实现了收支平衡。相比之下，通用汽车公司的同期销售总量增长还不到40%。

1934年6月，德雷斯塔德特被任命为凯迪拉克部门总经理。

他还着手彻底改变豪华汽车的制造方式。他指出："质量的好坏完全体现在设计、加工、检验和服务上。低效率根本不等于高质量。"

他愿意在设计方面进行大量的投资，更乐意在质量控制和一流服务上花大价钱，而不主张在生产过程本身进行过量的投资。

一位管理人员回忆道："他告诉我们要关注每一个细节，如果别人制造一个零件只需两美元，为什么我们要用3～4美元呢？"

他的这种理念在推行不到3年的时间内，凯迪拉克的生产成本与通用汽车公司的低档车雪佛莱的造价已经差不多一样了，但销售时仍然维持豪华车的高价位，凯迪拉克很快便成为通用汽车公司内最赢利的部门。

由于他神奇般地使凯迪拉克起死回生，德雷斯塔德特在通用汽车公司内部的发展也由此平步青云。

1936年，他被任命为公司最大部门雪佛莱的总经理。毫无疑问，几年后，他定会成为总公司总裁的有力竞争者。

"激流勇退"的范蠡

在古代传说里，有这么一位奇人：他在名满天下之际，却悄然归隐，他在人生的最顶峰留下"飞鸟尽，良弓藏；狡兔死，走狗烹"的名言后与四大美女之一的西施浪迹天涯，做了神仙眷侣……他的一生，可谓是传奇。

范蠡，字少伯，生卒年不详，春秋楚国宛（今河南南阳）人，春秋末著名的政治家、军事家和实业家，后人尊称“商圣”。

周景王二十四年，吴国和越国发生了槜李之战，吴王阖闾阵亡，因此两国结怨，连年战乱不休，为报父仇的阖闾之子夫差与越国在夫椒决战，结果越国大败，仅剩5000兵卒逃入会稽山。在越王勾践穷途末路之际，范蠡投奔越国，在越国如此境况下，他此时的出现，无疑是雪中送炭。

“人待期时，忍其辱，乘其败……”“持满而不溢，则于天同道，上天会佑之；地能万物，人应该节用，这样则获地之赐；扶危定倾，谦卑事之，则与人同道，人可动之。”他向勾践概述“越必兴、吴必败”之断言，进谏：“屈身以事吴王，徐图转机。”在这危难之际，被拜为上大夫后，他陪同勾践夫妇在吴国为奴三年，“忍以持志，因而砺坚，君后勿悲，臣与共勉！”

经历了屈辱的三年，他和越王勾践共同归国，他与文种拟定兴越灭吴九术，是越国“十年生聚，十年教训”的策划者和组织者。为了实施灭吴战略，也是九术之一的“美人计”，范蠡亲自跋山涉水，终于在苎萝山浣纱河访到德才貌兼备的巾帼奇女——西施，在历史上谱写了西施深明大义献身吴王，里应外合兴越灭吴的传奇篇章。

范蠡事越王勾践二十余年，苦身戮力，卒于灭吴，成就越王霸业，被尊为上将军。

完成报仇大业的范蠡，深知“伴君如伴虎”，他认为在有功于越王之下，以后肯定会遭遇不幸，“飞鸟尽，良弓藏；狡兔死，走狗烹”。他深知勾践为人“长颈鸟喙”，可与共患难，难与同安乐，遂与西施一起泛舟齐国，变姓名为鸱夷子皮，带领儿子和门徒在海边结庐而居。戮力垦荒耕作，兼营副业并经商，没有几年，就积累了数千万家产。

他仗义疏财，施善乡梓，范蠡的贤明能干被齐人赏识，齐王把他请进国都临淄，拜为主持政务的相国。他喟然感叹：“居官致于卿相，治家能致千金，对于一个白手起家的布衣来讲，已经到了极点。久受尊名，恐怕不是吉祥的征兆。”于是，才三年，他再次激流勇退，向齐王归还了相印，散尽家财，再次归隐山林。

懂得放弃，才能收获，懂得适当离开的人，才会知道如何享受人生。

放弃眼前小利益，获得长远大利益

个青年非常羡慕一位富翁取得的成就，于是他跑到富翁那里询问其成功的诀窍。

富翁明白了青年的来意后，什么也没有说，而是转身从厨房里拿来了一个大西瓜。

青年有些迷惑不解，不知道富翁要做什么，他只是睁大眼睛看着，只见富翁把西瓜切成了大小不等的三块。

“如果每块西瓜代表一定的利益，你会如何选择呢？”富翁一边说一边把西瓜放在青年面前。

“当然选择最大的那块！”青年毫不犹豫地回答。

富翁笑了笑说：“那好，请用吧！”

于是富翁把最大的那块西瓜递给了青年，自己却吃起了最小的那块。当青年还在津津有味地享用最大的那一块的时候，富翁已经吃完了最小的那一块。接着，富翁很得意地拿起了剩下的一块，还故意在青年眼前晃了晃，然后又大口吃了起来。

其实，那块最小的和最后那一块加起来要比最大的那一块分量大得多。青年马上明白了富翁的意思：富翁开始吃的那块西瓜虽然没有自己吃的那块大，但最后比自己吃得多。如果每块代表一定程度的利益，那么富翁赢得的利益自然要比自己的多。

吃完西瓜，富翁讲了自己的成功经历，最后对青年语重心长地说：“要想成功就要学会放弃，只有放弃眼前的小利益，才能获得长远的大利益，这就是我的成功之道。”

弃美回国的“两弹一星”元勋邓稼先

说起邓稼先，无论是谁都会竖起大拇指：他是中国核武器研制与发展的主要组织者、领导者，被称为“两弹元勋”。最让人钦佩的，还是他面对国外的高薪挽留和物质诱惑，放弃了国外优厚的环境，毅然回归祖国的故事。

邓稼先于1924年6月25日出生于安徽省怀宁县一个书香门第。从小就树立了振兴中华、报效祖国的伟大理想，后来在求学道路中，他深受爱国救亡运动的影响，秘密参加了抗日的学生组织。

后来，在父亲的安排下，16岁的邓稼先随大姐去了抗战后方，经过不断的学习和探索，他刻苦勤奋，终于小有所成。翌年，他回到北平，受聘担任北京大学物理系助教，并在学生运动中担任了北京大学教职工联合会主席，投身于争取民主反对国民党独裁的伟大事业之中。

为了扩充自己的知识，以便于更好的服务祖国，他于1947年通过了赴美研究生考试，于翌年秋进入美国印第安纳州的普渡大学研究生院。由于他学习成绩突出，不足两年便读满学分，并通过博士论文答辩。此时他只有26岁，人称“娃娃博士”。

1950年8月，邓稼先在美国获得博士学位9天后，便谢绝了恩师和同校好友的挽留，毅然决定回国。同年10月，邓稼先来到中国科学院近代物理研究所任研究员。在北京外事部门的招待会上，有人问他带了什么回来。他说：“带了几双眼下中国还不能生产的尼龙袜子送给父亲，还带了一脑袋关于原子核的知识。”

回到祖国后，邓稼先不仅在秘密科研院所里费尽心血，还冒着酷暑严寒，在黄沙飞舞的戈壁第一现场指导工作。

他在试验场度过了整整8年的单身汉生活，有15次在现场指导核试验，从而掌握了大量的第一手材料。

1964年10月，中国成功爆炸的第一颗原子弹，就是由他最后签字确定了设计方案。他还率领研究人员在试验后迅速进入爆炸现场采样，以证实效果。

他又同于敏等人投入对氢弹的研究，并最终制成了氢弹，于原子弹爆炸后的两年零八个月试验成功。这同法国用8年、美国用7年、前苏联用10年的时间相比，创造了世界上最快的速度。

没有放弃就没有收获，虽然邓稼先放弃了在美国舒适的环境与优厚的待遇，但他得到了祖国人民的崇敬和尊重。他对得起自己的良心，也对得起中华民族的期望和重托。

金钱、书籍、性命，舍弃的智慧

从前，在一个村庄里，有三个要好的朋友，一个擅长经营，是当地富甲一方的富翁。一个是酷爱读书的秀才，上知天文下知地理。另一个是大家都很尊敬的智者。他们三人常常谈天说地，谈论人世的哲理。

一天，他们出海远航，想到另一个村庄去闯闯。

他们坐在一个不大不小的小舟里，有钱人带了一大笔金银珠宝，以便到了目的地可以更好的开始；读书人带了一大捆书，为了在船上不寂寞；而那个智者却什么也没带。

路上，正巧碰上了暴风雨，只见他们的小舟如同狂风中的一片枯叶一般，情急之下，船主要他们扔掉一些不必要的杂物，保持船的平衡。

这个时候，有钱人不舍得自己的金银财宝，就教唆读书人把书都扔了，而读书人也不舍得自己心爱的书，就要这个有钱的朋友把财宝扔了。

这两人吵得不可开交，在这小舟即将倾覆的情况下，如果你是那位智者，你应该如何说服你的伙伴呢？

哈佛放弃思考术

智者见自己的两个好朋友争得不可开交，于是对有钱的这位朋友说：“你要想想，当初你是怎么白手起家的，为什么不把财物扔了，保全性命之后，你还可以从头开始。况且，这些只是你财物的一部分不是吗？”

然后他又对秀才说道：“你读了那么多书籍，你书中的内容都在你的脑海里，你为什么还在乎那些书？知识是死的，可人是活的啊！”

有钱人听后，把财物都扔了，读书人也一样。

之后，他们顺利地到达了彼岸，这个新的村庄刚好缺少商铺和学校。后来正如那个智者说的，有钱人一样白手起家，而读书人当上了学校的老师。

名利与梦想的抉择

美国，在很多人眼里就是天堂，可是在老王的脸上，却写着苦笑。是啊，在国内的家人朋友看来，老王是旅美博士，开着小车，住着洋房，一对儿女也活泼可爱，生活还有什么不如意的呢？

家家有本难念的经，国外虽然好，但还是有太多的辛酸与痛苦。种族不一样先不说，光是老王自己的工作，就让老王感觉没什么太大的乐趣——一大把年纪了，还在给人当实验助手，说出来就感觉脸上无光。

如果你面临老王的尴尬局面，你会如何打算呢？

哈佛放弃思考术

“落叶归根”，老王趁着休年假，回了一趟祖国。祖国的发展让老王激动无比，而更让他感到振奋的是他老朋友的境况。一位老友自己创业了，自己当上了老板；一位老友已经成为了某国企的高层，一挥手就是几千万的生意；还有一位老友，早就辞职不干了，游山玩水，闲云野鹤一样的生活……

老王回到美国以后，沉思很久，然后做出了决定，带着家人回到了祖国，放弃了那些虚幻的“在美国生活”的名声，去追求自己想过的生活。

一身本领的老王，在朋友的帮助下，很快实现了自己多年的梦想——开一家公司，自己当老板。

健康与生命的两难之选

加尔各答的近郊有一条世界著名的河流——恒河。河的中心有一个流沙堆积起来的小岛，一座古老的桥把小岛与河岸连接起来，可是这座桥已经破烂不堪，很少有人走过。

有一个人在散步时，由桥上走到小岛上去了。不料在返回时，刚走了两三步，桥就发出嘎吱嘎吱的响声，好像就要断似的，他只好又返回沙岛。

这个人不会游泳，只好一个人待在小岛上，搜肠刮肚地想办法，竟在岛上困了10天，到了第11天，他才从桥上回到岸边。你说这是怎么回事？

哈佛放弃思考术

此人安全地从桥上回到岸边，很多人会想到是他想办法加固了桥面，比如利用向前走一步，从后面拆掉木板，向前铺一步的办法，但这样想并不符合实际。

桥有承重的限度，不超过这个限度是不会出危险的。这个人在流沙堆积成的小岛上待了10天，这简直与绝食生活差不多。正因为这样，他变得骨瘦如柴，体重轻得可以走过这座桥了。可以说，他放弃了身体的健康，获得了生命。

诸葛亮：欲擒故纵攻心计

欲擒故纵是兵法三十六计的第16计。意思是故意先放开他，使他放松戒备，充分暴露，然后再把他捉住。欲擒故纵中的“擒”和“纵”，是一对矛盾。军事上，“擒”，是目的，“纵”，是方法。这个计谋中的精华其实就是放弃思考术，“将要取之，必先予之”。不学会放弃，怎么能够得到？

诸葛亮七擒孟获，就是军事史上一个“欲擒故纵”的绝妙战例。蜀汉建立之后，定下北伐大计。当时西南夷酋长孟获率十万大军侵犯蜀国。诸葛亮为了解决北伐的后顾之忧，决定亲自率兵先平孟获。蜀军主力到达泸水（今金沙江）附近，诱敌出战，事先在山谷中埋下伏兵，孟获被诱入伏击圈内，兵败被擒。

按理说，擒拿敌军主帅的目的已经达到，敌军一时也不会有很强的战斗力了，乘胜追击，自可大破敌军。但是诸葛亮考虑到孟获在西南夷中威望很高，影响很大，如果把他杀掉，说不定西南夷中又会出现一位举着孟获大旗的头领与蜀军作对。如果让他心悦诚服，主动请降，凭孟获在南方的威信，南方也就稳定了。

于是，诸葛亮决定对孟获采取“攻心”战，断然释放孟获。孟获在愕然之余，表示并不服气，发誓下次一定要击败诸葛亮。诸葛亮笑而不答。孟获回营，拖走所有船只，据守泸水南岸，阻止蜀军渡河。诸葛亮乘敌不备，从敌人不设防的下流偷渡过河，并袭击了孟获的粮仓。孟获暴怒，要严惩将士，激起将士的反抗，于是相约投降，趁孟获不备，将孟获绑赴蜀营。诸葛亮见孟获仍不服，再次释放。以后孟获又施了许多计策，都被诸葛亮一一识破，四次被擒，四次被释放。最后一次，诸葛亮火烧孟获的藤甲兵，第七次生擒孟获，又第七次释放。终于，孟获被感动了，他真诚地感谢诸葛亮的七次不杀之恩，誓不再反。

从此，蜀国西南安定，诸葛亮得以举兵北伐。

韩信：放弃一时之争成就一生功名

秦朝末年，战火纷飞，各地英豪纷纷起兵抗秦，其中以项梁的声势最大。有一个叫韩信的年轻人平日专心研究兵法，颇有心得，便有意投效项梁。

当他腰佩宝剑，走在淮阴街上时，有一位杀猪的屠夫看他不顺眼，就说："你的模样还挺神气的，其实你只不过是一个中看不中用的家伙，有种就杀了我，如果不敢，就从我的胯下爬过去。"

韩信心中大怒，但是他想到："我当然可以一剑杀了他，但是，这有什么意义呢？而且这个屠夫真的会让我一举击杀？大丈夫能忍一时之辱，何必跟这家伙一般见识。"便一言不发，弯下腰来，从这个屠夫的胯下爬了过去。

屠夫本来打算韩信真刺过来的话，就吆喝自己的同伙一起痛扁韩信，谁知道韩信居然真的从自己胯下爬了出去，于是轻蔑地说："这样的人，还腰佩宝剑？真是耻辱！"街上围观的人也纷纷耻笑韩信。

后来，韩信投入项梁的部队，建立了不少战功；项梁死后，项羽继立，韩信几次向项羽建议，项羽瞧不起他，因此始终未能获得重用。

韩信认为，继续留在楚营也没有发展的机会，于是毅然决然地去往汉中，投效刘邦。在韩信的帮助下，刘邦如虎添翼，攻城拔寨，并最终击败了项羽，统一了中国，而韩信也成就了自己"国士无双"、"功高无二，略不世出”的美名。

韩信当年暂时放弃了自己的尊严，从屠夫的胯下钻了过去，却更好地活了下来，没有胯下之辱的经历，也许就不会有后面的“兵圣”韩信。放弃，是为了更好地获得；离开，是为了更潇洒地回来。

洛克菲勒家族：有舍才有得

第二次世界大战的硝烟刚刚散尽时，以美英法为首的战胜国首脑们几经磋商，决定在美国纽约成立一个协调处理世界事务的联合国。

一切准备就绪后，大家才发现，这个全球至高无上、最权威的世界性组织，竟没有自己的立足之地。

买一块地皮，刚刚成立的联合国机构还身无分文。让世界各国筹资，牌子刚刚挂起，就要向世界各国搞经济摊派，负面影响太大。况且刚刚经历了二战的浩劫，各国政府都财库空虚，许多国家财政赤字居高不下，在寸土寸金的纽约筹资买下一块地皮，并不是一件容易的事情。因此，联合国对此一筹莫展。

听到这一消息后，美国著名的家族财团洛克菲勒家族经商议，果断出资870万美元，在纽约买下一块地皮，将这块地皮无条件地赠与了这个刚刚挂牌的国际性组织——联合国。同时，洛克菲勒家族亦将毗连这块地皮的大面积地皮全部买下。

对洛克菲勒家族的这一出人意料之举，美国许多大财团都吃惊不已。870万美元，对于战后经济萎靡的美国和全世界，都是一笔不小的数目，而洛克菲勒家族却将它拱手赠出，并且什么条件也没有。

这条消息传出后，美国许多财团主和地产商都纷纷嘲笑说：“这简直是蠢人之举！”并纷纷断言：“这样经营不要十年，著名的洛克菲勒家族财团，便会沦落为著名的洛克菲勒家族贫民集团！”

但出人意料的是，联合国大楼刚刚建成完工，毗邻地价便立刻飙升起来，相当于捐赠款数十倍、近百倍的巨额财富源源不断地涌进了洛克菲勒家族财团。

这种结局，令那些曾经讥讽和嘲笑过洛克菲勒家族捐赠之举的财团和商人们目瞪口呆。

迈克莱恩：果断取舍，才有一线希望

英国退役军官迈克莱恩，曾是一名探险队员。1976年，他随英国探险队成功登上珠穆朗玛峰。但在下山的路上，却遇上了狂风大雪。

每行一步都极其艰难，最让他们害怕的是，风雪根本就没有停下的迹象。这时，他们的食物已为数不多，如果停下来扎营休息，他们很可能在没有下山之前，就会被饿死；如果继续前行，大部分路标早已被大雪覆盖，不仅要走许多弯路，而且，每个队员身上所带的增氧设备及行李等物，会压得他们喘不过气来，这样下去就会步履缓慢，他们不饿死，也会因疲劳而倒下。

在整个探险队陷入迷茫的时候，迈克莱恩率先丢弃所有的随身装备，只留下不多的食品，轻装前行。他的这一举动几乎遭到所有队员的反对，他们认为现在离下山最快也要十天时间。这就意味着这十天里不仅不能扎营休息，还可能因缺氧而使体温下降，导致冻坏身体。那样，他们的生命将是极其危险的。

面对队友的顾忌，迈克莱恩很坚定地告诉他们：“我们必须而且只能这样做，这样的雪山天气十天半月都有可能不会好转，再拖延下去，路标也会被全部掩埋，丢掉重物，就不允许我们再有任何幻想和杂念，只要我们坚定信心，徒手而行，就可以提高行走速度，也许这样我们还有生的希望！”

最终，队员们采纳了他的意见，一路上相互鼓励，忍受疲劳和寒冷，不分昼夜前行，结果只用了8天时间，就到达了安全地带。而恶劣的天气，正像他所预料的那样，从未好转过。

若干年后，伦敦英国国家军事博物馆的工作人员，找到迈克莱恩，请求他赠送任何一件与英国探险队当年登上珠穆朗玛峰有关的物品，不料收到的却是莱恩因冻坏而被截下的10个脚趾和5个右手指尖。当年的一次正确的放弃，挽救了所有队员的生命；也是由于这个选择，他们的登山装备无一保存下来，而冻坏的指尖和脚趾，却在医院截掉后，留在了身边。这是博物馆收到的最奇特而又最珍贵的赠品。

Harvard

第四章

哈佛质疑思考术

凡事多问几个“为什么”

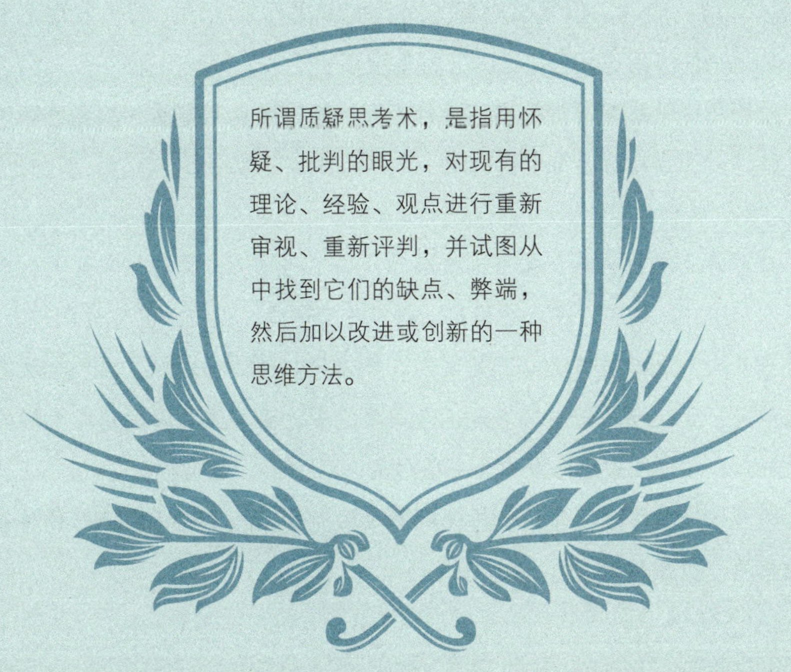

质疑思考术是指用怀疑、批判的眼光，对现有的理论、经验、观点进行重新审视、重新评判，并试图从中找到它们的缺点、弊端，然后加以改进或创新的一种思维方法。

“质疑是科学的生命”，“不满足是历史向前的车轮”，质疑就是一种“不满足”，不满足于对现有的认识、科学、文明的欣赏和享用，而是能重新审视，重新批判，指出其缺点、弊端。

我们知道要解决任何一件事情，首先就是要发现问题，然后分析问题，最后才能解决问题。但很多时候不是我们解决不了问题，而是发现不了问题，如果一件事情连问题出在哪儿都发现不了，又谈何解决呢？

质疑思维就是要常常提出“为什么”。事物的真实本质和改变创新的机遇，往往就隐藏在对寻常事物再问一个“为什么”的后面。

日本的池田菊苗博士在一次吃饭时，喝了一口汤，觉得异常鲜美，于是问夫人加了什么调料。夫人告诉他，汤里除了海带，没有加其他的调料。

一开始，池田菊苗还以为是太太在开玩笑，什么都不加，为什么这个汤这么鲜美？于是他开始想，汤是不是因为海带才变鲜的？海带让汤变鲜的原因是什么？是不是因为海带中含有某种成分？

顺着这一思路，他开始分析化验海带的成分，终于提炼出了一种叫谷氨酸的物质，也就是味精的主要成分。

后来，他申请了专利，开办了味精工厂，由此获得了巨大的利润。

爱因斯坦曾经交给大学生一个方法来训练自己的思维力：“每天花一点时间专门看权威的书籍，找出他们的观点，然后动动自己的脑筋来进行批驳，尝试质疑他们的观点。”天天如此，独立、自主、怀疑、不盲从、不附和的质疑精神就训练出来了。

在解决问题时，要多问几个为什么，做到“追根究底”，这样才能使问题得到根本的解决，并尽可能地消除可能存在的隐患。

值得注意的是，“追根究底”也要有方法，这里有美国陆军提出的5W1H方法，告诉了我们怎样去问：

WHAT（什么）；WHY（为什么)；WHO（谁）；WHEN（何时）；WHERE（何地）；HOW（怎样）。

就是了解一件事情，要有六问，从六个方面去问，即：做什么，为什么要做，谁去做，什么时间，什么地点，怎么去做。

做到了六问，无论什么事情都会一目了然，变得直接、简单。

善于质疑的人极富自信心，能通过自己的智力思维时常让自信心得到升华。一个人如果能最大限度地释放出他的质疑潜能，那么他便是一个大写的“人”。

质疑思维在于平时的思维态度。美国著名企业家威廉·伍德曾经说：“得到真正教育的唯一方法便是发问。你要记住，一个时时产生问号的头脑是一笔很大的财富。”

多米诺骨牌（domino）是一种用木制、骨制或塑料制成的长方形骨牌。玩时将骨牌按一定间距排列成行，轻轻碰倒第一枚骨牌，其余的骨牌就会产生连锁反应，依次倒下。其实质疑思维就和这个骨牌游戏一样，当我们勇于质疑，从提出第一个问题开始，其他问题也就相应产生了。随着我们研究和质疑的深入，就一定能把问题的根源给挖掘出来。

质疑使人求知，是探索的源泉和不竭动力。美国企业家威廉·伍德说："得到真正教育的唯一方法便是发问。你要记住，一个时时产生问号的头脑是一笔很大的财富。"

1. 质疑是我们最基本的心理行为

古希腊有一句谚语：“我思故我在。”佛家也常常有“我是谁”的禅机。从怀疑到肯定，再由肯定到怀疑，经过无数次螺旋形的思考，人类在创造一个崭新的自我。

笛卡尔说，我们头脑中原有的知识和观念很多是靠不住的，因为它们都来自于前人的经验与总结，而这些东西也许在当时是对的，但随着时间的流逝，不免会发生改变。那么，这样的结论又有多少能靠得住呢？对于每个探寻知识的人来说，要想有所发明创造或者建立新的理论，不可能凭空臆造，的确需要掌握前人的经验和知识。然而，在创造与发明的过程中，如果一味地相信现有的都是正确的，那也只能是在原地踏步，质疑思维就是要能在习以为常的事物中发现不寻常的东西。

2. 敢于质疑

敢于提出为什么，敢于破除迷信是创造性思维的关键一步，我们要抱着科学的态度来看待权威：既要尊重名人和权威，虚心学习他们丰富的知识和经验，又要敢于超过他们，在他们已经进行的创造性劳动的基础上，再进行新的创造。只有这样，人类的文明程度才能不断提高，人类认识世界和改造世界的能力才能不断增强。

以下是一种打破“习焉不察”心态的练习。国外思维训练师称之为“乔治热身练习”，有助于认识日常习惯中的合理部分与不合理部分，逐渐培养我们的好奇心与质疑思维。

1. 在家里看喜剧时，你会不会大声地笑出来？会不会跟在电影院里看喜剧一样频频大笑，而且笑得特别放肆？为什么？

2. 如果你穿70号的鞋，有一双鞋标着66号，却很合脚。你会不会拒绝买这双鞋？为什么？

3. 你第一次抽烟或第一次喝酒，是独自一个人，还是跟其他人在一起？

4. 你有没有向医生请教过与医药无关的问题？为什么？

5. 你喜欢歌剧吗？为什么？

6. 如果政府拿走你财产的10%，你会大发雷霆吗？

7. 你的观念与信仰是否跟父母相同？为什么？

我们常常会把某些习惯视为理所当然，殊不知许多偏见就是这样形成的。请想一想，一年一度的奥斯卡金像奖颁奖项目，有“最佳男演员奖”和“最佳女演员奖”之分，为什么？有什么道理？

是不是该颁奖给“最佳白人男演员”、“最佳黑人男演员”或者“50岁以上的最佳女演员”？这种奖听起来是不是很荒谬？没错，但是以性别来划分奖项的“最佳男主角奖”和“最佳女主角奖”不也一样荒谬吗？但是我们愿意接纳它，其原因不外乎习以为常，从没想过要质疑。如果一件事情在我们生下来时就已经存在，我们自然会把它视为生活的一部分。如果英国没有王室，难道英国人会在投票时，把设立王室列入其中吗？

那么，究竟该如何避免习以为常、不加深思的毛病？该如何养成遇事多思考，认识自己也认识别人的习惯？这就需要“质疑”，创新思维的关键即在于此。看报时经常看到“男，32岁，白领”，或“女，50来岁，少数民族”等描述，出于下意识，我们往往会根据性别、年龄、种族等，做出种种判断和假设，因而导致偏见的产生。请做个练习：列出一张单子看看自己的日常习惯，对其中的每种习惯提出质疑。

例如，当你被要求根据一个指定的方法做某件事时，问问自己，有没有更好的方式来履行这次活动？

当某人对事实制造出一个别有用心的谣言时，问问你自己这究竟是事实，还是胡说八道。如果你的即刻反应是“事实”的话，那就要求你自己找出一种方式支撑这一“事实”。

如果你倾向于相信某人的信息、目的或动机，那就要问问自己：他是通过误导你而能获得更多，还是与你分享知识而得到更多，以此来质疑你的反应。

如果你从一张白纸开始，并且质疑听说过的每一件事，那么你就会在竞争中遥遥领先。

质疑使人求知，是探索的源泉和不竭动力。喜欢质疑的人总是能够取得成就。爱因斯坦说过：“提出问题比解决问题更重要。”在工作中，培养质疑思维就是不依赖已有的方法和答案，不轻易认同别人的观点，通过自己独立思考、判断，从而提出自己独特的见解，其思维更具挑战性。它敢于摆脱习惯、权威等定式，打破传统、经验的束缚和影响，用一种新颖、独到、前所未有的思维来认识事物。

追问到底，索求本质

日本企业讲究严谨的管理和规范的制度。据说，在日本丰田汽车公司就有一种“追问到底“的管理方法。就是说，对公司新近发生的每一件事，都采用追问到底的态度，追根溯源，以便找出根本的原因。经过这个过程，负责人不仅对问题的产生原因了如指掌，也能让当事人受到教育。

比如，有一天，技术人员忽然报告公司的某台机器突然停了，那么负责执行“追问到底”管理方法的工作人员就会沿着这条线索进行一系列的追问：

问：“机器为什么不转了？”

答：“因为保险丝断了。”

问：“为什么保险丝会断？”

答：“因为超负荷而造成通过机器的电流太大。”

问：“为什么会超负荷？”

答：“因为轴承枯涩不够润滑。”

问：“为什么轴承枯涩不够润滑？”

答：“因为油泵吸不上来润滑油。”

问：“为什么油泵吸不上来润滑油？”

答：“因为抽油泵产生了严重磨损。”

问：“为什么油泵会产生严重磨损？”

答：“因为油泵未装过滤器而使铁屑混入。”

通过一系列的追问，我们找到了最本质的原因。只要给油泵装上过滤器，再换上保险丝，机器就能够正常运行了。如果不进行这一番追问，只是简单地换上一根保险丝，机器照样立即转动，但用不了多久，机器又会停下来，因为没有找到根本原因。

“无纸化办公”为何会催生用纸风暴

人们都说21世纪是互联网的时代，的确，我们现在无时无刻不在使用电子媒介进行交流，e-mail、微信取代了传统信件，电子书如雨后春笋般的涌现，似乎有代替纸质书本的势头……于是很多小孩不愿意好好练字，认为未来不需要自己写字了；认为电子产品的不断出现，纸张将濒临灭亡。其实这种观念早已有之，早在20世纪末，随着互联网络的普及和电子邮件的风行，人们预测在不久的将来，人类将实现“无纸化办公”。

对于这种预期，不少人欢欣鼓舞，认为无论对人类文明的进步还是环境的保护来说，“无纸化办公”都将是革命般的进步。

然而，真的是这样吗？事实上，实际情况恰恰相反，人类对纸张及其相关文具的需求愈来愈大。纸张的需求量大增主要是因为网络传真机和激光打印设备的普及，当初研发激光打印机的目的，是为了检验荧屏影像，只是电子系统的辅助设备，但由于激光打印件的清晰度相当高和印刷质量的优秀，使打印件成为重要的常用文件，也使人们对打印纸的需求量与日俱增。

作为全球最大的森林资源国和纸浆生产国，加拿大的资料具有权威性，根据加拿大森林产品协会的统计，21世纪的前十年，全球对纸张的需求量增长了一倍。

所以说，面对任何说法我们都要有质疑思维，切不可一味听之信之。

质疑填鸭式教育，培养独立学习的能力

一提到学习，大多人首先想到的就是学校。我们接受的传统教育告诉我们，要学习，一定要去学校。

长久以来，大家都认为学习首先得有人教，而学校里有受过专业化训练的教师和编好的课本，所以去学校学习是最正统的方法。

确实，接受过学校教育的人可以在某种程度上掌握社会生存所必需的知识，但是学校的学生都是在老师和书本的牵引下进行学习的，并不是自己独立获得知识。

日本学者外山滋比古提出一个观点：学校是训练“滑翔机人”的地方，并不培养“飞机人”，那么什么是“滑翔机人”，什么是“飞机人”呢?

在学校里呆板接受填鸭式教育的学生，就是滑翔机，它们和飞机十分相似，同样是在天空中飞翔，而且滑翔机安静优雅的滑翔姿态甚至比飞机更优美动人，然而可悲的是，滑翔机永远不具备独立飞起来的能力。

被动地接受知识是“滑翔能力”，自己的发明和发现是“飞行能力”，不可否认，如果完全没有“滑翔能力”的话，那么连最基本的知识都不可能学会，无知地去飞行，肯定会酿成事故。但不可否认的是：“滑翔能力”仅仅是基础，而不应该是一个人拥有的全部能力。

质疑是创造的基础

“你们习惯了培优的课堂，习惯了解题的技巧，习惯了考取名校的目标。可是，你们质疑过吗？”在2010年9月9日举行的本科新生开学典礼上，华中科技大学校长李培根作了题为“质疑”的演讲，号召学生学会质疑，包括质疑学校和校长。

早在2013年6月，在华中科技大学2010届本科生毕业典礼上，李培根作了题为“记忆”的演讲，16分钟的演讲被掌声打断30余次，他的演讲词通过网

络被广为转载，同时引发了社会各界对大学精神和中国需要什么样的大学校长等问题的思考和讨论。而他也被学生亲切地称为“根叔”。

在同年9日的开学典礼上，面对全校8000多名新生，李培根说，质疑具有伟大的力量，是创造的基础，产生求新求异的欲望和敢于进行创新活动的源泉。他建议，首先需要质疑曾经的学习目的及方式。在中学，很多同学习惯了老师的灌输，致力于掌握解题的技巧，却忽略了思想与哲理的领悟和个人潜能的开发。

他还建议，学生要敢于质疑权威和先贤，有时候也需要质疑常识，甚至质疑自己的质疑。

最后，他也提醒学生，质疑不是怀疑一切，不要为质疑而质疑。把质疑变成怀疑一切，只会使自己陷入质疑的偏执，甚至使自己心理失衡。

李培根表示，在华中科技大学，学生可以质疑这所学校的某些做法，还可以质疑校长，“当质疑的利剑高悬，华中科技大学和她的校长就永远不会忘记‘以学生为本’的办学宗旨，华中科大也会在质疑中前进，在批判中成长，在质疑与批判中步入一流”。

质疑权威，创造惊人成绩

2002年秋季，在中国移动的强力阻击下，中国联通CDMA的销售在全国范围内陷入了历史性低谷。从5月份进入福州市场到11月份，CDMA的销量才达两万多用户，其中数千部还是靠员工担保送给亲朋好友的。

与国内其他城市相比，这个成绩实在是拿不出手。联通本来是委托全球著名的一家专业咨询策划公司做的策划方案，但是根据这一方案在近一年内投进去的大量广告费都未起作用。

当时杨少锋所在的广告公司正在为福州联通做策划方案。当杨少锋看过那家全球著名策划公司的方案后，得出了四个字——“不切实际”。

被他评述为“不切实际”的公司成立于20世纪20年代，在全世界拥有70

多家分支机构，是被美国《财富》杂志誉为“世界上最著名、最严守秘密、最有声望、最富有成效、最值得信赖和最令人仰慕”的企业咨询公司。

年仅24岁、大学刚毕业两年的杨少锋，竟然斗胆否定了这家公司的方案！因为他自己已经有了一套完整周密的营销计划。中国联通福建分公司的领导经再三权衡后，还是接受了他的计划。

杨少锋营销计划的最重要一步，就是提高CDMA在福州的认知度。他认为，通过媒体重新对CDMA进行包装是最好的渠道。

之后，他们在报纸、电视等媒体上大量投放广告，使CDMA具备了极高的认知度。

他紧接着开始了营销计划的第二步——公开“手机不要钱”的概念。通过赠送CDMA手机，使联通打下了坚定的市场基础。

杨少锋的方案获得了成功，因为根据用户与联通签订的协议，这批用户两年内将给联通带来将近7000万元的话费收入。

蜜蜂发声的秘密

有一天，一个11岁的小女孩去家里的养蜂场玩，发现许多蜜蜂聚集在蜂箱上，翅膀没有扇动，却仍然嗡嗡地叫个不停。

想起教科书上和《十万个为什么》上关于蜜蜂等昆虫发声的原理，她不由得产生了怀疑：为什么书上说蜜蜂的嗡嗡声来自翅膀的震动，每秒达200次，如果翅膀停止振动，声音也就停止了。

可现在，蜜蜂的翅膀已经停止振动，却仍然嗡嗡叫个不停，这声音到底是从哪里来的呢？带着这个疑惑，她跑回了学校，去问老师，老师说书上说的怎么会错呢。

哈佛质疑思考术

于是她决心自己来研究这个问题，她首先把蜜蜂的双翅用胶水粘在木板上，蜜蜂仍然发出声音。她干脆用剪刀剪去它的双翅，蜜蜂仍然嗡嗡直叫。两种方法交替进行了42次，每次用去48只蜜蜂，结果和教科书的结论大相径庭。

为了继续探求蜜蜂发声的秘密，她把蜜蜂粘在木板上，用放大镜仔细查找，观察了一个月，终于在蜜蜂双翅的根部发现了两粒比油菜籽还小的小黑点，蜜蜂鸣叫时，小黑点上下鼓动。她用大头针捅破小黑点，蜜蜂就不发声了。她又找来一些蜜蜂，不损伤双翅，只刺破小黑点，结果蜜蜂飞来飞去，居然没有一点声音。

一年以后，这个12岁的小女孩撰写了一篇科学论文《蜜蜂不是靠翅膀振动发声》，并在第18届全国青少年科技创新大赛上荣获优秀科技项目银奖和高士奇科普专项奖。她，就是湖北省监利县黄歇口镇中心小学6年级的学生聂利。

海水为什么是蓝的

阳光融融，暖风徐徐，深蓝色的海面上跃动着鳞片状耀眼的光斑。甲板上漫步的人群中，一对印度母子正站在甲板上看着无垠的大海。

“妈妈，这个大海叫什么名字？”

“地中海！”

“为什么叫地中海？”

“因为它夹在欧亚大陆和非洲大陆之间。”

“那它为什么是蓝色的？”

年轻的母亲一时语塞，求助的目光正好遇上了在一旁饶有兴致地倾听他们谈话的一位学者。这位学者叫拉曼，他刚从英国皇家学会上作了声学与光学的研究报告，取道地中海乘船回国。于是拉曼告诉男孩："海水之所以呈蓝色，是因为它反射了天空的颜色。"

这个解释，在当时被认为是理所当然的，它出自以发现惰性气体而闻名于世的大科学家——英国物理学家瑞利勋爵。他曾用太阳光被大气分子散射的理论解释过天空的颜色，并由此推断，海水的蓝色是反射了天空的颜色所致。瑞利勋爵在科学界地位很高，再加上这个解释看起来合情合理，于是学术界都认可了这个说法。

哈佛质疑思考术

在告别了那一对母子之后，出于科学家的责任，拉曼总对自己的解释心存疑惑，那个充满好奇心的稚童，那双求知的大眼睛，那些源源不断涌现出来的"为什么"，使拉曼深感愧疚。作为一名科学工作者，他发现自己居然只接受权威的答案，而在不知不觉中丧失了男孩那种在所有的"已知"中去追求"未知"的好奇心，他决心仔细研究一下这个问题。

一回到加尔各答，他立即着手研究海水为什么是蓝的，很快他就发现瑞利的解释实验证据不足，令人难以信服，于是他决定重新开始研究这个课题。他从光线散射与水分子相互作用入手，运用爱因斯坦等人的涨落理论，获得了光线穿过净水、冰块及其他材料时散射现象的充分数据，证明出水分子对光线的散射使海水显出蓝色的机理，与大气分子散射太阳光而使天空呈现蓝色的机理完全相同。进而又在固体、液体和气体中，分别发现了一种普遍存在的光散射效应，被人们统称为"拉曼效应"，他的发现为20世纪初科学界最终接受光的粒子性学说提供了有利的证据。

正是由于地中海轮船上那个男孩的问号，最终使拉曼走上了诺贝尔物理学奖的奖台，成为印度也是亚洲历史上第一个获得此项殊荣的科学家。那个有着好奇心的男孩与敢于质疑的拉曼的故事，在不断地提醒人们：永远不要放弃你对“已知”的好奇心，也许新的发现就在你“已知”的“未知”之中。

传说，需要考证

《诗经》上说：“螟蛉之子，蜾蠃负之。”古代人看到蜾蠃这种昆虫经常把螟蛉衔回到自己的窝内，猜想它们是要把螟蛉抚养长大，因此，后来人们就把养子或义子叫做螟蛉之子。这种观点流传了很久，却一直没人考证它到底对还是不对。

这个故事究竟是传说呢？还是事实呢？相信你也迫不及待地想知道答案吧！

哈佛质疑思考术

后来一直到南北朝时期，有个人叫陶弘景，他看完诗经以后，有些怀疑这种说法：昆虫难道还会抚养他人之子？于是就想一探究竟。陶弘景找到一窝蜾蠃，仔细观察起来。发现它们把螟蛉衔回到自己窝中以后，用自己的尾针把螟蛉刺得麻痹不能动弹，然后在它们身上产卵，不久以后，小蜾蠃孵化出来了，就以螟蛉为食。原来，蜾蠃负螟蛉是它的一种特殊的生活方式。蜾蠃并不是要抚养螟蛉，而是要以它为食，诗经里的话可谓和事实“差之毫厘，失之千里”。

苏格拉底：所谓美德不可一概而论

大哲学家苏格拉底貌不惊人，不修边幅，整日在市场上闲逛。

在古希腊的市场上，经常有人宣传他们自己的思想，所以常看见有人站在市场中面对观众发表演讲。

有一天，苏格拉底遇到一位年轻人，正在宣讲美德，他宣称自己说的才是真理，是无比正确的。

于是苏格拉底装作无知的模样，向年轻人请教：“请问，什么是美德呢？”

那位年轻人不屑地回答说：“这么简单的问题你都不知道？告诉你吧，不偷盗、不欺骗之类的品行都是美德。”

苏格拉底仍然装作不解地问：“不偷盗就是美德吗？”

年轻人肯定地回答道：“那当然啦，偷盗肯定是一种恶德。”

苏格拉底不紧不慢地说：“我记得在军队当士兵的时候，有一次接到长官的命令，让我深夜潜入敌人的营地，把他们的兵力部署图偷出来，请问我这种行为是美德还是恶德呢？”

年轻人犹豫了一下，辩解道：“偷盗敌人的东西当然是美德。我刚才说不偷盗，是指不偷盗朋友的东西。偷盗朋友的东西肯定是恶德。”

苏格拉底依然不紧不慢地说：“还有一次，我的一位好朋友遭到天灾人祸的双重打击，他对生活绝望了，于是买来一把尖刀放在枕头底下，准备夜深人静的时候用它结束自己的生命。我得知了这个消息，便在傍晚时分偷偷地溜进他的卧室，把那把尖刀偷了出来，使他免于一死。请问我这种行为究竟是美德还是恶德呢？”

那位年轻人终于顿悟，知道遇到了高人，于是便承认自己无知，拱手向苏格拉底请教“什么是美德”。

哥白尼：质疑是伟大的力量

哥白尼就是一个敢于质疑的杰出者，套用他自己的话说，他总觉得当时盛行的“天体运行”理论不太对劲。

他写道：“我花了很长的时间去思考天文学传统中的困惑。造物主这个最有系统的绝佳‘艺术家’，为我们创造了这个世界，但我对于哲学家至今仍无法找出世界的运转方式感到悲哀。”

这其中让他特别不能释怀的就是，推算地球本身不动而被其他星球环绕的复杂几何，其实有多处矛盾。

他凭直觉认为，传统用来解释“地心论”世界观的蹩脚数学推算不可能是正确的，因此他开始推敲地球也会动的可能性，即使这个想法乍听之下非常荒谬，也违反教会的教条。

但哥白尼热切地希望能为这个大胆的新观点找到支持的论点。他博览群书，希望能“重读他手上的所有哲学家的作品，从中找出任何曾经怀疑过天体的运行并不同于数学理论派观点的看法，以供援引”。

哥白尼的研究终于获得成功。他从少数几位哲学家的作品中，找到了地球会动的论点，但这些前辈并没有对地球的运行提出正确的解释。哥白尼了解，徒有如此具有革命性的理论却没有证据，是毫无意义的。于是，他开始着手进行支持这个理论的论证。他利用当时手边可得的最佳技术，以最新发展出来的透视法，将观察星球运行的结果，制成了当时叹为观止的观测图表。经过28年的漫长研究，他的质疑终于得到了证实。

拉瓦锡：勇于质疑，推翻“燃素说”

安托万·洛朗·拉瓦锡生于巴黎，他在一生中所提出的新观念、新理论、新思想，为近代化学的发展奠定了重要的基础，因而后人称拉瓦锡为近代化学之父。

远在18世纪中期，“燃素说”在化学领域处于支配地位。所谓燃素学说是三百年前的化学家们对燃烧的解释，他们认为火是由无数细小而活泼的微粒所构成的物质实体。这种火的微粒既能同其他元素结合形成化合物，也能以游离的方式存在。大量游离的火微粒聚集在一起就形成明显的火焰，它弥散于大气之中便给人以热的感觉，由这种火微粒所构成的火的元素就是“燃素”。

1774年，英国科学家普利斯物列分析出了一种气体，这种气体十分纯粹，完全不含燃素，他称之为无燃素气体。本来，他可以趁机推翻“燃素说”，而提出氧元素的新概念，但是既有的“燃素说”已经盛行了很多年，他被这个观点所束缚，认为这不过是“燃素说”的一种新的表现形式，所以让跑到面前的真理又轻易地溜走了。

后来，拉瓦锡重复了他的试验，摆脱了“燃素说”的束缚，明确提出了氧元素的概念，他于1777年向巴黎科学院提出了一篇报告《燃烧概论》，阐明了燃烧作用的氧化学说，要点为：燃烧时放出光和热；只有在氧存在时，物质才会燃烧；空气是由两种成分组成的，物质在空气中燃烧时，吸收了空气中的氧，因此重量增加，物质所增加的重量恰恰就是它所吸收的氧的重量；一般的可燃物质（非金属）燃烧后通常变为酸，氧是酸的本原，一切酸中都含有氧；金属煅烧后变为煅灰，它们是金属的氧化物。他还通过精确的定量实验，证明物质虽然在一系列化学反应中改变了状态，但参与反应的物质的总量在反应前后都是相同的。

于是，拉瓦锡用实验证明了化学反应中的质量守恒定律。拉瓦锡的氧化学说彻底地推翻了燃素学说，使化学开始蓬勃地发展起来。

摩根财团：从质疑卖鸡蛋开始

美国摩根财团的创始人摩根，原先家境并不富有，夫妻二人靠卖鸡蛋维持生计。

很快摩根就发现一个问题：身高体壮的自己卖鸡蛋远不及瘦小的妻子。为什么呢？卖的鸡蛋是一样的啊。带着这个问题，他每天观察着，后来他终于弄明了原委：原来他用手掌托着蛋叫卖时，由于手掌太大，人们眼睛的视觉误差总觉得鸡蛋特别小，反之他太太小巧的手掌握着鸡蛋，显得鸡蛋特别大。原来是这个原因！

他立即改变了卖鸡蛋的方式：把鸡蛋放在一个浅而小的托盘里。销售情况果然好转，但摩根并没有因此而满足。

眼睛的视觉误差既然能影响销售，那经营生意的学问就更大了，这大大地激发了他对心理学、经营学、管理学等方面的研究和探讨，经过在生活中不断地思考和努力，他终于创建了摩根财团。

Harvard

第五章

哈佛转换思考术

唯一不变的是变化

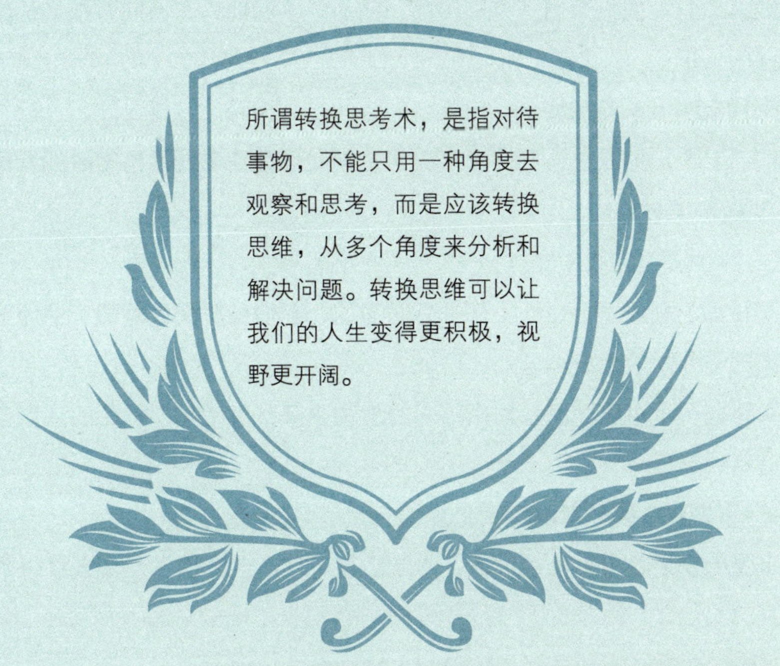

所谓转换思考术，是指对待事物，不能只用一种角度去观察和思考，而是转换思维角度，来解决和分析问题。

转换思维可以让我们的人生变得更积极，视野更开阔。如果有意识地加以运用，还能起到转移别人视线、达到自己目的的作用。

转换思维角度表现在以下几个方面：

1. 认识到事物有很多不同的侧面

事物有众多不同的侧面，从不同角度去分别观察这些侧面，你就会得到不同的认识。即使对于同一事物的同一侧面，不同的人，不同时候，都会得出不同的认识。

宋代文学大家苏东坡有一句著名的诗句："横看成岭侧成峰，远近高低各不同。"庐山的景色，其实没变，但是当我们处在不同的角度时，看到的风景却是不一样的。

2. 事物都是有联系的

事物都不是孤立存在的，都是有联系的，它们是客观世界的一个环节，与周围的环节紧紧相扣。

对待同一个事物，联系周围不同的事物去观察思考它，得到的认识会让我们有新的感悟。

3. 事物存在各种发展的可能性

事物的发展具有不可预测性，常常随着环境的改变而发生令人意想不到的变化。所以，我们需要特别注意和捕捉事物发展趋势中不明显的可能性。

法国著名女高音歌唱家玛·迪梅普莱有一个美丽的私人园林。里面风景宜人，芳草丛生。但是每到周末，总会有人到她的园林摘花，采蘑菇，有的甚至搭起帐篷，在草地上野营野餐，弄得园林一片狼藉，肮脏不堪。

管家曾让人在园林四周围上篱笆，并竖起“私人园林禁止入内”的木牌，但无济于事，园林依然不断地遭到践踏和破坏，总不能拿起棍棒去驱赶人家吧？管家无计可施，只得向主人请示。迪梅普莱听了管家的汇报后，让管家做几个大牌子立在各个路口，上面醒目地写明：“如果在园林中被毒蛇咬伤，最近的医院距此15公里，驾车需半个小时到达。本庄园概不负责。”

从此，再也没有人敢闯入她的园林。园林还是那个园林，只是变了一个思路，保护园林的难题就迎刃而解了。

迪梅普莱就是应用了思维角度转换法，当从原来的思维角度，即庄园所有者的角度去解决这个难题无计可施时，站在游玩者的角度来思考问题，问题立刻迎刃而解。

有个朋友是摄影师，经常给各种代表会议的代表们拍集体照。他每次在拍照前总是喊：“一！二！三！”但常常有人在“三”字上坚持不住了，上眼皮找下眼皮，作闭目状。结果，被照成闭目状的人不满意，摄影师也感到很为难。

这位朋友换了一个办法，结果大获成功。他请所有照相的人先全闭上眼睛，等待听他的口令，同样是喊：“一！二！三！”但改在“三”字上一起睁眼。真妙！冲洗出来一看，一个闭眼的也没有，全都显得神采奕奕，比本人平时更精神。

集体照还是那个集体照，只是变了一个思路，照相时有人闭眼的难题就解决了。

有一天，两个基督教的教徒一起进入教堂，找到牧师，想了解一下在祈祷的时候可否吸烟。

其中一个教徒先走上前去问：“请问牧师，祈祷的时候可不可以吸烟？”牧师听了满脸不高兴，斩钉截铁地回答说：“这怎么可以？不行！”

另一个教徒见前一个教友碰了壁，想了一下，接着又上前问：“请问牧师，吸烟的时候可不可以祈祷。”牧师听了很高兴，和蔼可亲地回答道：“当然可以。”

经验告诉我们：巧妙地运用转换思维可以给我们的事业带来成功，让你的人际关系更加融洽，在你面临危机的时候给你带来希望。只要我们懂得让自己的思维保持弹性，因势利导，适当地运用思维转移技巧，就会在问题来临的时候游刃有余了。

当一个人的思路受到牵绊时，往往不能非常清楚地找到问题的根源。要想找到根源，就要冲破习惯上的枷锁，避开思路上的限制，尝试将问题转换一下。

问题转换的方式多种多样，但是主要有以下三种：

1. 将不能办到的问题转化为可以办到的问题

西汉时，一个乡下农民进城，在慌乱中不小心碰翻了一个卖油炸丸子的摊儿，丸子掉在地上，大部分都摔裂了，地上有多少个丸子，已没法数清。

农民认赔50个丸子的钱，可卖丸子的坚持不干，说他的丸子有300个左右，赔50个，他岂不是太亏了吗？二人互不相让，争得面红耳赤，但毫无结果。围观的人越来越多，但是没有一个能想出解决纠纷的办法。

一位叫孙宝的官员正好打此经过，大家便请他来处理。孙宝叫手下人取来一个丸子，并称了重量，然后又叫手下人把地上的碎丸子都收起来，称出

唯一不变的是变化

转换思维，你就能转变世界。事物的发展具有不可预测性，转换思维，你就能看到另一种可能，从而转变事物发展的方向。

它们的总重量。他用这些碎丸子的总重量除以一个的重量，得出了丸子的个数，最后叫农民按照这个数目赔偿。

孙宝对这件事的处理真可谓公平合理，众人无不称赞，卖丸子的小贩也佩服得五体投地。

孙宝利用的就是将不可能查清的“丸子个数”问题，转换成了“称丸子重量”的可以办到的问题，使纠纷得到圆满解决。

2. 将复杂的问题转换成简单的问题

阿普顿毕业于美国一所大学的数学系，曾担任爱迪生的助手。

有一次，爱迪生让他测量一个电灯泡的容积。阿普顿对着灯泡量了又算，算了又量，一个多小时过去了，这位大学生满头是汗，仍“只算好了一半”。

爱迪生轻松地说道：“根本用不着这么费劲，只要你往灯泡里注满水，然后把水倒进量杯，不就可以测出灯泡的容积了吗？”

阿普顿恍然大悟，如梦初醒，按照爱迪生所说的方法，很快就测量出了灯泡的容积。

3. 把自己生疏的问题转换成熟悉的问题

19世纪末，法国园艺家莫尼埃想设计制作一种牢固坚实的花坛。但是对于如何设计制作花坛，他一点儿也不懂。但作为园艺家，他对植物却了如指掌。于是，他将花坛的构造转换为自己熟知的“植物根系”来思考：盘根错节的植物根系，因为牢牢地和土壤结合在一起，才使植物枝繁叶茂地茁壮成长。他把土壤转化为水泥，植物的根系转换成钢筋，通过反复试验，不仅制成了坚实牢固的新型花坛，而且在建筑史上具有划时代意义的新型建筑材料——钢筋混凝土，也由这个对建筑业一窍不通的门外汉发明了出来。

思路一换天地宽，将问题转换一下，巧妙地运用多种思维转换思考问题的方式，能帮助你解决许多复杂的问题，让你在学习过程中体会到运用转换思维的乐趣。变换一个思维角度常常能达到峰回路转、点石成金、迎刃而解的效果。

卓别林智斗强盗

坊间有很多关于卓别林机智的小故事。

话说有一天，卓别林带着一大笔款子，骑着自行车驶往乡间别墅。半路上遇到了一个持枪抢劫的强盗，逼他交出钱来。

卓别林满口答应，只是恳求他："朋友，我只是一个奴仆罢了，请帮个小忙，在我的帽子上打两枪，我回去好向主人交代。"

强盗摘下卓别林的帽子，打了两枪。

卓别林说："谢谢。不过请再把我的衣襟打两个洞吧。"

强盗不耐烦地扯起卓别林的衣襟打了几枪。

卓别林这时向强盗鞠了一躬，央求道："太感谢您了。干脆劳驾你将我的裤腿也打几枪，这样就更逼真了，主人不会不相信的。"

强盗一边骂着，一边对着卓别林的裤腿连扣了几下。

这个时候，卓别林赶紧骑上车，一溜烟地跑掉了，而强盗却傻了眼——手枪里已经没有子弹了。

向本方球篮投球的奥秘

国际体育比赛中曾发生过这样一件事，在一场保加利亚队和捷克斯洛伐克队的篮球比赛中，离比赛结束还剩下8秒钟的时候，保队仅领先一个球。

按照规定，保队在这场球赛中，必须至少赢3个球才能不被淘汰。

这时，保队的一个队员突然向本方的篮内投入一个球。双方的队员和场外的观众一下子都愣住了，不知这是怎么回事。过了好一会儿，大家才明白过来，并报以热烈的掌声。

这位保队队员为什么要向本方的球篮投进一个球？他是怎么想的呢？

他的思考过程大致说来是这样：保队要想不被淘汰，必须再赢两个球，要有可能再赢两个球，就得延长比赛时间，要延长比赛时间，就要在终场时把比分拉平，要在终场时把比分拉平，那就只有现在向本方篮内投进一个球。

果然，保队这个队员刚一投进这个球，裁判就宣布进行加时比赛。在随后的比赛中，保队士气高涨，轻松拿下3个球，最终赢得了比赛的胜利。

转变思维，找到助理最佳人选

威尔逊是假日酒店的创始人。有一次，威尔逊和员工一起聚餐，有个员工拿起一个橘子就啃了下去。原来，那个员工高度近视，把橘子当成苹果了。为了掩饰尴尬，那个员工只好装作不在意，强忍着咽了下去。众人哄堂大笑。

第二天，威尔逊又邀请员工聚餐，而且菜肴和水果都和昨天一样。看到人来齐了，威尔逊拿起一个橘子，像昨天那个员工一样，一大口咬了下去。众人看到后，也像威尔逊那样吃起来。结果，大家发现这次的橘子和昨天的完全不同。原来，这次的橘子是用其他食材做成的仿真橘子，味道又香又甜！正当大家吃得高兴的时候，威尔逊突然宣布：“从明天开始，由安拉来当我的助理！”所有人都觉得老板的决定很突兀，都惊呆了。

这时，威尔逊说：“昨天，有人误吃了橘子皮，安拉是唯一一个没有跟着笑的人，还送上了一杯果汁。今天，我又在重复昨天的错误，安拉也是唯一一个没有跟着模仿的人。像这样对同事不落井下石，也不会盲从的人，不正是最好的助理人选吗？”

海洋馆从门可罗雀到人员爆满

在北方的某个小城市，开了一家海洋馆，门票50元一张。这让那些想去参观的人望而却步。海洋馆开馆一年，简直门可罗雀。后来，投资商只好以“跳楼价”把海洋馆卖掉了。

新主人在接手海洋馆后，在电视和报纸上打出了广告，征求能使海洋馆起死回生的金点子。有一天，一个女教师来到了海洋馆。她对经理说，她有办法，可以让海洋馆的生意好起来。

海洋馆新主人采纳了她的做法。结果，一个月后，来海洋馆参观的人天天爆满，这些人当中有1/3是儿童，2/3是带着孩子的父母。三个月后，亏本的海洋馆开始盈利了。

海洋馆打出的新广告内容很简单，只有12个字：“儿童到海洋馆参观一律免费。”

想法变了，伤疤也能变“勋章”

杰克在伊拉克战争中受了伤，他的腿被弹片打中，几乎残废，幸运的是几经治疗，他的腿保住了，可是却留下了不可愈合的伤疤。回到美国后，他决定去享受他最喜欢的运动——游泳。于是在一个星期天，他和他的太太去海滩度假。

这一天的天气风和日丽，在做过简单的冲浪运动以后，杰克在沙滩上愉快地享受日光浴。好景不长，他便感觉有些不自在，因为他发现大家都在注视那条满是伤痕的腿。在此之前，他不是很在意这条腿，但是现在他知道这条腿太惹人注意了。

转眼到了下个星期天，杰克太太提议再到沙滩去度假。但是杰克拒绝了——说他不想去海滩而宁愿留在家里。

“我知道你为什么不想去海边，杰克，”杰克太太缓缓地说，“你开始对你腿上的疤痕产生错觉了。”

“我承认我太太的话，”杰克先生事后回忆说，“她对我说了一些我将永远不会忘记的话，这些话让我充满了喜悦。她说：‘杰克，你腿上的疤痕是你勇气的徽章，是男子汉的标志，是你为国家贡献的勋章。不要想办法把它们隐藏起来，你要记住你是怎样得到它们的，而且要骄傲地带着它们。现在走吧——我们一起去游泳。’”太太的话鼓励了杰克，杰克忽然觉得自己带着伤疤的腿不那么难看了。

去了海滩，杰克悠然自得地享受着日光浴，当有人盯着他那条伤腿的时候，他再也不觉得难堪了。

洗碗机是如何从冷遇变热销的

全自动洗碗机是一种先进的厨房家用电器，是发明家适应生活现代化的创新杰作。然而，当美国通用电器公司率先将全自动洗碗机摆在电器商场的货架上后，却出人意料地遭到冷遇。

无论使用任何手段的广告宣传，人们对洗碗机还是敬而远之。从商业渠道传来的信息也极为不妙，新研发的洗碗机眼看就要夭折在它的投放期内。

经过市场调查发现，原来是消费者的传统观念在起作用。

人们普遍认为，连十来岁的孩子都能洗碗，自动洗碗机在家中几乎没有什么用，即使用它也不见得比手工洗得好。而且机器洗碗先要做许多准备工作，增添了不少麻烦，还不如手工洗来得快。

再说，自动洗碗机这种华而不实的“玩意儿”将损害“能干的家庭主妇”的形象。一部分人不相信自动洗碗机真的能把所有的碗洗干净，认为机器太复杂，维护修理肯定困难。

还有一些人虽然欣赏洗碗机，但认为它的价格让人不能接受。

无奈之下，公司只好请教市场营销专家，看他们有何金点子。智囊团经过一番分析推敲，终于想出一个新办法：建议将销售对象转向住宅建筑商。

起初，人们对该建议普遍持怀疑态度，建筑商并不是洗碗机的最终消费者，他们乐意购买吗？

在通用电器公司的公关人员的说服下，建筑商同意做一次市场实验。他们在同一地区，对居住环境、建造标准相同的一些住宅，一部分安装有自动洗碗机，一部分不装。结果，安装有洗碗机的房子很快卖出或租出去了，其出售速度比不装洗碗机的房子平均要快两个月。这一结果令住宅建筑商感到惊讶。

当所有的新建住房都希望安装自动洗碗机时，通用电器公司生产的自动洗碗机的销售便十分顺畅了。

从这个故事中，我们可以发现两条思路：其一，将洗碗机直接向家庭顾客推销，效果不佳；其二，将洗碗机安装在住宅里，借助房产销售卖给了家庭用户，结果如愿以偿。

路遇抢劫，机智应对

有一位商人到银行去取钱，当他把大笔现金提取出来放到包里以后，径直走回了自己的小车里。当他正要离开的时候，忽然从车后镜看到后座椅下爬出来一个女人。

只见这个女人小声地说：“把你的钱立刻给我，不然我就打开车门大声嚎叫，你绑架强暴我！”

商人一下子愣住了，只见这个女人披头散发，身上还捆着绳子，一只手已经从绳子中挣脱出来紧握住门把手，衣服的领子直接大敞着，一副受害者的样子。

看样子，如果不把钱给她，这个女人只需要1秒钟就可以打开门，到时候一声嚷嚷，那就是跳进黄河也洗不清了。

在这千钧一发的时刻，如果是你，你能想出办法吗？

哈佛转换思考术

这位聪明的商人，镇定地想了几秒钟后，做出了一个惊人的反应。

只见他咿咿呀呀的指手画脚，装成了一个聋哑人。

这个女劫匪一看傻了眼，恨恨地说：怎么会碰见一个聋哑人？！

商人随手拿起一张纸，又从兜里掏出一支笔，递给这个女人，又指手画脚了一番，意思是自己没搞清楚状况。女人只好用那只手接过来，一边紧张地看着窗外，一边在纸上潦草地写了几个大字：拿出钱给我，否则我大叫你绑架我。

女人刚一写完，商人闪电般地抢过这张纸，然后打开了车门，同时用遥控器锁住了所有的车门，并立刻报了警。

没过多久，商人领着警察赶来逮捕了这个图谋不轨的女人。

转换思路，“废纸”变热销

众所周知，德国人的企业是最讲究严谨和认真的。

德国某造纸厂的一位技师，一次由于一时疏忽大意，在造纸的过程中忘记加胶了，结果生产出大批不能书写的“废纸”，这可愁坏了他，这不仅是一次严重的渎职，也会给企业带来巨大的损失。

有什么办法能挽救当前的危局呢？

哈佛转换思考术

正当他想着会被老板解雇而忧心忡忡的时候，一位朋友向他建议说："考虑一下这样的纸还有没有什么别的用途，看看还能不能补救一下？"

于是这位技师和他的朋友一起，反复观察琢磨这批纸。终于，他们发现，这种纸的吸水性能很强，蘸在这种纸上的墨水很容易被吸掉。

他们发现这一点以后，便对这种纸剪裁装订，把它作为一种专供书写后吸干墨水用的"吸墨纸"出售，专门针对办公室文员和学校的学生出售，竟大受欢迎。

纸浆中没加胶，这个纸看似是没有任何用处了，但是技师在朋友的帮助下转换了思维，从而给"废纸"找到了新用途，而且，技师还把"废纸"当吸墨纸申请了专利。

巧妙处理领导盛怒之下的命令

有一天，一位公司主管突然收到一封非常无礼的信，信是一位与公司生意交往很深的代理商写来的。

经理怒气冲冲地把秘书叫到自己的办公室，向她口述了这样一封回信：我没有想到会收到你这样的来信，尽管我们之间存在一些交易，但是按照惯例，我仍要将此事公之于众。

之后，主管命令秘书立即将信打印寄出。

如果你是秘书，你会怎么办呢？

哈佛转换思考术

对于主管的命令，秘书现在有四种选择：

照办法："是，遵命。"说完，转身回到自己的办公室将信打印寄出。

建议法：如果将信寄走，对公司和主管本人都非常不利。秘书想到自己是主管的助手，有责任提醒自己的上司，为了公司的利益，哪怕是得罪了主管也值得。于是，她对主管这样说："主管，这封信不能发，消一消气，把它撕了算了。"

批评法：秘书不仅没有照办，反而前进一步，向主管提出忠告："主管，请您冷静一点，回一封这样的信，后果会怎样呢？在这件事情上，难道我们自己就没有值得反省的地方吗？"

缓冲法：当天快下班时，秘书将打印出来的信递给已经心平气和的经理："主管，可以把信寄走了吗？"

乔治·古纳教授选择了缓冲法。

他认为，照办法对于主管的命令忠实、坚决地执行，作为秘书确实需要这种品质，但是仅仅"忠实坚决"照办，仍然可能失职。

建议法是从整个公司利益出发，对于秘书来说，这种富于自我牺牲的精神也是难能可贵的，但是，这种行为又超越了秘书应有的权限。

批评法是秘书干预主管的最后决定，也是一种越权行为。

乔治认为，照办法和建议法这两种执行方式虽不足称道，但毕竟还有商量的余地，批评法是最不可取的，而采用缓冲法，在秘书的职责范围内巧妙地对领导决策施加影响，既无越权之嫌，又收到了良好的效果，因而是最好的办法。

裴明礼：大水坑变聚宝盆

唐朝的裴明礼是一位经商的能人。有一次，裴明礼看到金光门外有一片地，是一片大水坑，大家纷纷绕道而行，很不方便，于是他便和这块土地的主人商量，想把这块地买了。

这块土地的主人早就想把这个烫手的山芋转手，于是给出了一个很便宜的价格。裴明礼毫不犹豫地把它买了下来。其他的人都怀疑裴明礼是不是犯了傻，糊涂了，这么大一个水坑买了做什么？

在别人眼里，这只是一个大水坑，但是在裴明礼眼里，它却是一个聚宝盆。裴明礼在大水坑中央竖起一根大木杆，木杆上吊着一个竹筐，还张贴了一张告示：凡能用石块、砖瓦击中竹筐的，一次赏铜钱一文。就和现在的射击游戏一样。有这么便宜的事情，谁不想去试试呢？只见大人、小孩纷纷涌到水坑边，用石块、砖瓦不停地投向竹筐，由于杆高、筐小，击中竹筐的人并不多，倒是很快把大水坑填平了不少，过了没多久，整个大水坑都被填平了。

填平了大水坑，裴明礼开始了自己的生意之路：首先，在上面建起了牛棚、羊圈，供来往贩卖牛羊的商人使用。不久，牛羊的粪便堆积如山，而这周围有不少的农户，于是裴明礼把这些肥料卖给种田人……

如此反复，几年间就赚了许多钱。随后，裴明礼就在这块土地上盖起了房屋，在四周栽下了花卉草木，建起了蜂房……裴明礼很快便成了远近闻名的富绅。

原来，裴明礼第一眼看到大水坑时就意识到了大水坑的潜在价值：它地处交通要道，是南来北往贩卖牲口的商人的必经之路；它的附近又都是庄户人家，庄户人家要种地，种地又离不开“肥”。不停地转换思考，这就是大水坑能变成“聚宝盆”的奥秘所在。

周恩来：临场应变，化险为夷

周总理是人民敬爱的一位革命领袖，他不仅为人正直清廉，而且无比的智慧。

关于周总理，有这样一个故事：

50年代初，有一次周总理在中南海勤政殿设宴招待外宾。客人们对中国菜的花样之繁多，风味之独特，味道之鲜美都赞不绝口。这时，上来一道汤菜，汤里的冬笋、蘑菇、红菜、荸荠等都雕刻成了各种图案，色、香、味俱全。然而，冬笋片是按照民族图案刻的，在汤里一翻身恰巧变成了法西斯的标志。贵客见此，不禁大惊失色，忙向周总理请教。对于这个问题，周总理也感到十分突然，但他随即泰然自若地解释道："这不是法西斯的标志！这是我们中国传统中的一种图案，念'万'，象征'福寿绵长'的意思，是对客人的良好祝愿！"接着他又风趣地说："就算是法西斯标志也没有关系嘛！我们大家一起来消灭法西斯，把它吃掉！"话音未落，宾主们哈哈大笑，气氛更加热烈，这道汤也被客人们喝得精光。

关于周总理，还有一个小故事：

在一次记者招待会上，周恩来总理介绍我国的建设成就。一个西方记者问："中国人民银行有多少资金？"这涉及国家机密，不可能直言相告。总理眉头一皱，很快答道："有18元8角8分。"在场的人全都愕然。总理解释说："中国人民银行的货币面额为10元、5元、2元、1元、5角、2角、1角、5分、2分、1分，共十种主辅人民币，合计为18元8角8分。中国人民银行有全国人民做后盾，信用卓著，实力雄厚，人民币是世界上最有信誉的一种货币。"话音刚落，全场响起热烈的掌声。总理有意回避问题的实质，以"总面额"替代"总金额"，不仅堵住了外国记者的口，还维护了招待会和谐的气氛。

周总理的语言犀利而风趣，充分表现出他过人的应变能力和高超的语言艺术。

马里杰·尼格：现象相同，本质可能不同

美国作家马里杰·尼格讲过这样一个故事：

我年轻时自以为了不起，那时我打算写本书，为了在书中加进点“地方色彩”，就利用假期出去寻找。

我要在那些穷困潦倒、懒懒散散混日子的人中找到一个主人公，我相信总能在一个地方找到这种人。一点不差，有一天我找到了这么一个地方，那儿是一个荒凉破落的庄园，令人激动的是，我想象中的那种懒散混日子的味儿也找到了。一个满脸胡须的老人，穿着一件褐色的工作服，坐在一把椅子上为一块马铃薯地锄草，在他的身后是一间没有油漆的小木棚。

我转身回家，恨不得立刻就坐在打字机前。而当我绕过木棚在泥泞的路上拐弯时，又从另一个角度朝老人望了一眼，这时我下意识地突然停住了脚步。原来，从这一边看过去，我发现老人椅边靠着一副残疾人的拐杖，有一条裤腿空荡荡地直垂到地面上。顿时，那位刚才我还认为是好吃懒做混日子的人物，一下子变成了一个百折不挠的英雄形象了。

从那以后，我再也不敢对一个只见过一面或聊上几句的人，轻易下判断和做结论了。我非常感谢上帝让我回头多看了一眼。

里根：凡事都是可转换的

一个演员最后当上了总统，这就是人们所说的美国梦。

1937年，里根进入好莱坞华纳兄弟电影公司当电影和电视演员，并于第二次世界大战期间应征入伍，在空军服役。退伍后，里根重返好莱坞，此后20多年，在50部影片中担任角色。1947年至1952年和1959年至1960年，他先后两次担任电影演员协会主席。1949年，里根当选为电影业委员会主席。他的演艺事业不算辉煌，却为他日后灿烂的政途打下了基础。

后来，里根加入了共和党，对从政也有了一定的兴趣，但是他首先面临

的问题就是如何改变世人对他的看法。要知道，在美国，总统来自于各行各业，但是演艺圈的人却很少有人去角逐这一宝座，因为人们觉得演员是演戏的，不沉稳，不牢靠。

如何改变世人对他的看法呢？里根有自己的办法。加入共和党后，他利用演员身份在电视上发表了一篇题为“可供选择的时代”的演讲，引起了轰动，一下子就筹集到了600万美元。《纽约时报》甚至称之为美国竞选史上筹款最多的一篇演说。

几乎在一夜之间，里根就成为共和党保守党派心目中的代言人，大大扭转了传统势力对他的态度。后来，在加州州长的竞选中，里根的对手是一直连任该州州长的布朗，布朗以里根毫无政治经验为理由，对他进行了犀利的攻击，而里根则顺水推舟，干脆扮演一个淳朴无华、诚实热心的“平民政治家”的角色。他妙语连珠，再加上外形突出，与笨嘴笨舌的布朗一比较，立刻高低立显。于是，他获得了政坛上的第一次胜利。

里根的确是个表演天才，很快，人们对他的看法发生了转变——演员也可以从政，演员也可以很真诚。

后来，他与谋求连任的总统卡特举行了电视辩论，面对他最擅长的电视屏幕，里根侃侃而谈，谈笑风生，而卡特却显得老旧与木讷。最后，里根取得了压倒性胜利，入主白宫。

在好莱坞的那段黄金岁月中，里根总统拍了一部很有名的片子《金石盟》，影片中有一句很有名的台词：“我的其余部分在哪里？”

很显然，里根的其余部分是在政治舞台。

库克：转移对方的关注点

库克是一家500强笔记本电脑公司的推销员。

一次，他去拜访一位工程师，这位工程师想买一批重量比较轻的电脑，以便出差时使用。在与库克面谈时，这位顾客说出了他的抱怨：“我觉得你们的笔记本有点重。”

“您为什么会觉得重呢？”库克问。

“你看，你们的笔记本有2.6公斤，而有一家公司的笔记本只有2公斤。”

“重量为什么对您这么重要呢？”

“因为使用电脑的工程师经常出差，他们希望重量能够轻一些，尺寸小一些。”

“我知道了。笔记本电脑是工程师的工作工具，这对于他们在外面的工作而言是非常重要的。对于这些工程师来讲，您觉得还有什么指标比较重要呢？”

“除了重量，还有配置，例如CPU的速度、内存和硬盘的容量，当然还有可靠性和耐用性。”

“您觉得哪一点最重要呢？”

“当然是配置最重要，其次是可靠性和耐用性，再然后是重量。但是，重量也是不可忽视的指标。”

“每个公司在设计产品的时候，都会平衡其性能的各个方面。如果重量轻了，一些可靠性设计可能就要牺牲掉。例如，如果装笔记本的皮包轻一些，皮包对电脑的保护性就会弱一些。根据我们的了解，我们发现客户最关心的是可靠性和配置，这样不免要牺牲重量方面的指标。事实上，我们的笔记本电脑采用的是铝镁合金，虽然铝镁合金重一些，但是更坚固。而有的笔记本为了轻薄，采用飞行碳纤维，但坚固性就差一些。”

“有道理。”

“根据这种设计思路，我们笔记本的配置和坚固性一直是业界最好的，您对于这一点有疑问吗？”

“鱼与熊掌不能兼得了。”

“您的比喻十分形象。我们在设计产品的时候更重视可靠性和配置，而这一点却增加了它的重量。但这个初衷也符合您的要求，您也同意可靠性和配置的重要性。再说只是重0.6公斤而已，不是个大数字，不是吗？”

“对，你说得不错。”

库克抓住顾客关心的问题，一步步将话题引向对自己有利的方面，从自身优势谈起，从而“迷惑”顾客使他订购了15台手提电脑。

Harvard

第六章

哈佛辩证均衡思考术

问题的答案并非唯一

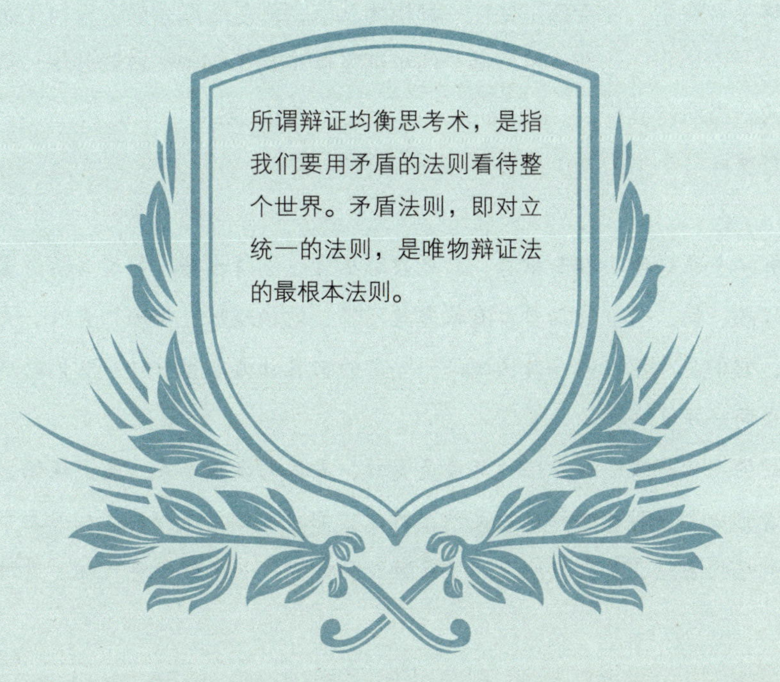

所谓辩证均衡思考术，是指我们要用矛盾的法则看待整个世界。矛盾法则，即对立统一的法则，是唯物辩证法的最根本法则。

辩证思维是一种全面地、联系地、发展地看问题的方式，是唯物辩证法在思维中的运用，也是人们遵循辩证法的规律来进行思索的过程。

辩证的思考方式是人们正确认识客观现实的重要途径。青少年只有对问题对象进行辩证的思考，才能认识其本质和发展规律，把握客观真理，从而更正自己片面的思想，确定自己的生活道路，正确指导自己的行动。

辩证均衡思考术，是指我们要用矛盾的法则看待整个世界，矛盾法则，即对立统一的法则，是唯物辩证法的最根本法则。

整个自然系、社会都是处在一种均衡状态，都是有联系的。任何生态圈都是在“不均衡—均衡—不均衡”的辩证发展中趋于完善、跳跃升华、持续发展的。当均衡被打破一段时间以后，还是会恢复到往日的平衡。

有这样一个小故事：

有一个旅行团去湘西旅游，只见碧草丛生，湖清水净。导游告诉游客，这儿蜈蚣、蛇、青蛙特别多，有旅客就问了：蛇怕蜈蚣、蜈蚣怕青蛙、青蛙怕蛇，它们会生活在同一片区域吗？导游的回答让大家很意外：它们的确是生活在同一片区域。

蛇的天敌是蜈蚣、蜈蚣的天敌是青蛙、青蛙的天敌是蛇。蛇、蜈蚣、青蛙三者形成了一种相生相克的关系，所以它们才可以同居一处，相安无事。如果蛇吃掉青蛙，那么蜈蚣没有了天敌就会吃蛇；如果蜈蚣弄死蛇，青蛙就会吃掉蜈蚣。所以，为了自己能生存下去，它们都不会轻易地打破这个平衡，因此它们可以生存在一起。

德国大哲学家黑格尔曾经说过，利用自然内部之间的各种关系，让自然自己调节自己，以物制物，使自然保持协调和平衡，这是一种人类的“理性的狡黠”。

“砰！砰！砰！”一个匆匆而过的路人急切地敲打着一扇神秘的门。

不久，门开了。“你找谁？”门里的人问。

“我找真理。”路人答。

“你找错了，我是谬误。”门里的人“砰”地一声把门关上了。

路人只好继续寻找。他趟过了很多条河流，翻过了很多座高山，风餐露宿，历尽艰险，可就是迟迟找不到真理。

后来，他想，既然真理和谬误是一对冤家，那说不定谬误知道真理在哪儿。于是，他重新找到了谬误，谬误却说：“我也正要找它呢。”说毕又关上了门。

路人不死心，继续寻找真理，他再一次翻山涉水，再一次风餐露宿，依然找不到真理。于是，路人又敲开了谬误的门，可谬误却留给他一副冰冷的面孔。

就在路人近乎绝望地在谬误门口徘徊的时候，不断的敲门声叫醒了谬误的邻居，随着“吱呀”一声轻响，路人回头一看：“天哪，这不正是真理吗？”

真理就住在谬误的隔壁。

如果没有谬误的衬托，人们怎么知道真理的正确？真理和谬误往往只有一步之遥，在一定条件下甚至是可以相互转换的。

“塞翁失马，焉知非福？”

“福兮祸之所伏，祸兮福之所倚。”世间的很多事其实都是对立统一的，在互相制约中达到均衡的。

寻找新方案最好的方法，是得到大量的方案，绝不要在刚找到第一种正确答案时就止步，而要继续寻找其他的答案。辩证思维不会只钟爱一种答案，因为这千变万化的世界无奇不有，而理想的答案永远不可能只有一个。

如果你钟爱一种方案，你就看不到其他方案的长处，因而会失去许多机会。生活的最大乐趣，就是能够不断地从过去珍爱的思想中走出来，这样，你才有可能自由地寻找新天地。

另外，培养辩证思维，除了遇事要多找几种方案外，还得追求最佳方案。

如果你有一个又酸又涩的柠檬，你会怎样做？

有的人会抱怨，甚至诅咒。然而，结果没有任何改变。

而善于运用辩证思维的人则会说：“我可以从中学到什么呢？我怎样才能改善我的状况？怎样才能把柠檬做成一杯柠檬水？”

有一位住在佛罗里达州的农夫，甚至把一个“毒柠檬”做成了一杯柠檬水。当时他买下了一片农场，可是他买的那块地糟糕得既不能种水果，也不能做牧场，能生长的只有白杨树和响尾蛇。那时候，他感到非常沮丧，但是他并没有就此放弃。最后，他想到了一个好主意，就是把他所拥有的那一切变成一种资产。他要利用那些响尾蛇。他的做法使每一个人都很吃惊，他开始想办法加工那些响尾蛇，最后把它们做成了蛇肉罐头。

另外，他从全国各地引进各种各样的白杨树种，然后吸引了大批游客来参观他的响尾蛇农场和白杨林。他的生意越做越大，最后竟然以他的农场为中心形成了一个小小的开发区。为了纪念他，这个村子现在已改名为“佛州响尾蛇村”。

每一样东西都有它的价值，都可以开发出相应的卖点。即使给你一个“毒柠檬”，也要想办法把它做成一杯柠檬水。

要想寻找最佳方案，就要先列出各种可能的方案。辩证思维不会只钟爱一种答案，因为这千变万化的世界无奇不有，而理想的答案永远不止一个。

辩证思考，庄园主人不迷糊

有一处庄园，宁静而且祥和。两个园丁正在默默地为庄园里的花草剪枝，忽然一个园丁发现一条毛毛虫，于是他立刻用剪刀撩下它，用脚踩死了它。

“你疯了吗？它也是一个生命啊！”另外一个园丁生气地说。

“但是它是毛毛虫啊，它会吃植物的叶子，我踩死它算是便宜它了！”

于是，两个人吵了起来，宁静的气氛顿时被打破了。刚好主人带着管家也来到了花园，于是走了过去，询问发生了什么事。

踩死毛毛虫的这位园丁，把事情原委说了一遍，然后继续说：“难道我们做园丁的不应该把这些害虫都杀死吗？”

“你说的对，完全对。”主人点点头，表示同意。

另外一个园丁一看主人点头了，立刻争辩道：“毛毛虫也是生命，你赶走它不就得了？何必非要杀生呢？”

主人也点点头：“你说的对，完全对。”同样，也表示同意。

管家一看，迷惑不解，凑过来对主人说：“他们两个人说的话是矛盾的，总有一个是错的吧！”

主人还是点点头：“你说的对，完全对。”

出奇制胜的广告语

有个国家有一家烟草公司，在激烈的市场竞争中不断研发技术，很快研制出了一种新品牌卷烟，命名为“冥想牌”。当公司正准备大张旗鼓宣传的时候，却发现几个戒烟组织发起了一场全国范围的戒烟活动。

怎么办呢？

这个时候，逆着舆论宣传自己的香烟，无疑是把自己拍死在沙滩上。“宣传香烟”与“禁烟运动”，针尖对麦芒，完全是对立的两回事，二者之间可谓是彼此矛盾。难道就不宣传了？有什么法子，能够找到它们的关系，反其道而行之？既能打响自己的香烟品牌，又不会与当前的戒烟浪潮相冲突呢？

该公司的公关人员苦苦思考，终于想出一个点子：“谁说戒烟活动和香烟推广就不能同时进行呢？！”经过一番策划，终于打出了这样一条广告：“禁止吸烟，连冥想牌也不例外。”

等戒烟运动舆论一过去，冥想牌香烟立刻火爆了起来，或者可以说，禁烟运动让冥想牌香烟变得更加畅销，因为它给人留下的印象太深刻了！

能犯错误，说明勇于冒险

有一个故事：IBM公司的一位高级负责人，曾经在创新工作中出现严重失误从而造成1000万美元的巨额损失。许多人提出应立即把他革职开除，而公司董事长却认为一时的失败是创新精神的“副产品”，如果继续给他工作的机会，他的进取心和才智有可能超过未受过挫折的人。结果，这位失误的高级负责人不但没有被开除，反而被调任同等重要的职务。

公司董事长对此的解释是：“如果将他开除，公司岂不是在他身上白花了1000万美元的学费？”后来，这位负责人确实为公司的发展作出了卓越的贡献。

还有一个故事：吉姆·伯克晋升为约翰森公司新产品部主任后做的第一件事，就是开发研制一种儿童使用的胸部按摩器。然而，这种新产品的试制失败了，伯克心想这下可要被老板“炒鱿鱼”了。

伯克被召去见公司的总裁，然而，他却受到了意想不到的接待。

“你就是那位让我们公司赔了大钱的人吗？”罗伯特·伍德·约翰森总裁问道，“好，我要向你表示祝贺。你能犯错误，说明你勇于冒险。我们公司就需要你这种有冒险精神的人，这样公司才有发展的机会。”

数年之后，伯克本人成了约翰森公司的总经理，他始终记着前总裁的这句话。

捕杀野兔也要兼顾生态平衡

一说起兔子，大家都会觉得它是世上最温顺、可爱的动物，但是你知道吗，它曾经也让人们苦恼和头疼过！

幅员辽阔的澳大利亚原本是没有兔子的，殖民者在开发澳大利亚的初期，怀念他们的家乡，也为方便打猎，于是引进了欧洲的兔子。澳大利亚温暖的气候、丰富的牧草，为兔子提供了良好的生存条件，加上澳大利亚缺少兔子的天敌，兔子就开始以惊人的速度繁殖起来。几年过后，在澳大利亚的草原上到处都可以看到野兔的踪迹。

然而，庞大的野兔数量消耗了大量的牧草，让澳大利亚的经济遭受了巨大损失。并且，野兔在草原上到处挖洞筑穴，毁坏了牧草的根，造成草场大面积退化，并严重威胁到畜牧业的发展，畜牧业产值开始大幅度下降。因此，澳大利亚政府紧急号召人们捕杀野兔，并出资制定奖励措施。人们开始用各种方法来对付野兔，如枪杀、投毒、设置陷阱等等。但是，由于野兔数目实在太多，繁殖又快，结果收效甚微。20世纪60年代，随着科学技术水平的提高，科学家开始利用转基因技术研制病毒进行防治。澳大利亚的科学家发现有一种可以在野兔中间传播病毒的蚊子。此病毒只对野兔造成致命危害，而对其他动物影响较小。科学家开始在实验室中大量培育繁殖这种携带病毒的蚊子。在随后的几年里，由蚊子传播的病毒迅速蔓延至整个澳大利亚，野兔的数量逐渐减少下来。

不过吸取教训的澳大利亚政府这次学聪明了，当野兔的数量达到生态平衡的时候，就停止了对野兔的捕杀。只有平衡，才能让大自然和谐；只有平衡，才能让整个生态系统有序地进行下去。

一切都没什么好担心的

有个年轻人，恰逢兵役年龄，抽签的结果，正好抽中下下签，最艰苦的兵种之一——海军陆战队。年轻人为此整日忧心忡忡，几乎到了茶不思、饭不想的地步。

年轻人深具智慧的祖父，见到自己的孙子这般模样，便寻思要好好地开导他。

老祖父："孩子啊，没什么好担心的。到了海军陆战队，还有两个机会，一个是内勤职务，另一个是外勤职务。如果你分到内勤单位，也就没什么好担心的了！"

年轻人问道："那，若是被分到外勤单位呢？"

老祖父："那还有两个机会，一个是留在本岛，另一个是分发外岛。如果你分发本岛，也不用担心呀！"

年轻人又问："那，若是分发到外岛呢？"

老祖父："那还是有两个机会，一个是后方，另一个是分发到最前线。如果你留在外岛的后方，也是很轻松的！"

年轻人再问："那，若是分发到最前线呢？"

老祖父："那还是有两个机会，一个是站岗卫兵，平安退伍；另一个是遇上意外事故。如果你能平安退伍，又有什么好怕的！"

年轻人问："那么，若是遇上意外事故呢？"

老祖父："那还是有两个机会，一个是受轻伤，可能送回本岛；另一个是受了重伤，可能不治。如果你受了轻伤，送回本岛，也不用担心呀！"

年轻人最恐惧的部分来了，他颤声问："那……若是遇上后者呢？"

老祖父："若是遇上那种情况，你人都死了，还有什么好担心的？倒是我要担心，那种白发人送黑发人的痛苦场面，可不是好玩的哦！"

为什么能力很强却晋升不上去

老张是一个国企的中层干部，同事都公认他是个心地善良的人，办事从不拖泥带水，雷厉风行。可是让老张奇怪的是，和他年纪差不多，一起进公司的同事，不是外调独当一面，就是成为了公司的领导。

老张一直郁郁不得志，于是在和上司一次聚餐的时候，趁着酒劲问了领导："为什么我得不到升迁？"领导这个时候也是趁着醉意说道："老张啊，你的能力大家是公认的，但是你啊，就是太直了，太容易得罪人了！"

哈佛辩证均衡思考术

虽然"直言直语"是人性中非常可爱、率真和值得大家珍惜的一种特质，让是非得以分明，让正义邪恶得以辨别，但是在我们日常生活中，"直言直语"却常常不受欢迎，这是为什么呢？

其实用辩证均衡思考术加以思考，我们就明白了，因为人和人相处和谐的核心就在于均衡，没有绝对的对，也没有绝对的错。

喜欢直言直语的人说话时经常只看到现象和问题，也只考虑到自己的"不吐不快"，而从不或者很少考虑旁人的立场、观念、态度。

而且，这些"直言直语"可能对，也可能不对，一派胡言的"直言直语"对方就算知道，一般也不好发作，只好闷在心里面，而太鞭辟入里的话又太伤人。

所谓人际关系的均衡，是指大家都能把握好一个"度"，喜欢乱开炮的人，往往具有"正义倾向"的性格，措辞严厉，杀伤力极强。所以，这种人也很容易变成别人利用的对象，成为别人手中的"枪"，不管最后结果如何，这种人往往成为了牺牲品。

所以，在人性丛林中，直言直语是一把双面利刃，而不是一把可以披荆斩棘的开山刀，多用辩证均衡的观念看待身边的事物，多一分豁达，多一分理解。

万能溶液的悖论

爱迪生知人善用，有不少人都想去他的实验室工作。一天，一个年轻人前来应聘，爱迪生接见了他，问了一下这个年轻人的理想与抱负。只见这个年轻人满怀信心地说："我想发明一种万能溶液，它可以溶解一切物品。"

你猜爱迪生是怎么说的？

哈佛辩证均衡思考术

"真的吗？"爱迪生听完以后，笑了一笑，就向那个青年提了一个问题，"你想用什么器皿盛放这种万能溶液呢？它不是可以溶解一切物品吗？"这个青年被问得哑口无言。

这个青年的想法本身就包含着不可调和的矛盾：一方面，要承认万能溶液可以溶解一切物品；另一方面，又必须有器皿盛放，即至少有一种器皿不能被万能溶液所溶解。

伊索：没有任何事情是绝对的

伊索是公元前6世纪古希腊著名的寓言家。他与克雷洛夫、拉·封丹和莱辛并称为世界四大寓言家。他曾是萨摩斯岛雅德蒙家的奴隶，曾被转卖多次，但因知识渊博，聪颖过人，最后终于获得自由。

在他还是奴隶的时候，有一天，他的主人要他准备最好的酒菜来款待一些赫赫有名的哲学家。当菜端上来时，主人发现满桌子摆的都是各种动物的舌头，简直就是一桌舌头宴。

“真不雅观！”全桌客人议论纷纷，认为这太不符合待客之道了。

丢了脸，气急败坏的主人将伊索叫了过来。气势汹汹地问道：“我不是要你准备一桌最好的酒菜吗？”只见伊索谦恭有礼地回答：“在座的贵客都是知识渊博的哲学家，需要靠着舌头来讲述他们高深的学问。对于他们来说，我实在想不出还有什么比舌头更好的东西了。”

哲学家们听了他的陈述，都觉得有道理，于是饶有兴趣地吃起了舌头宴。

第二天，主人又要伊索准备一桌不好的菜，招待一些主人讨厌的人。宴会开始后，没想到端上来的还是各式各样的舌头。主人不禁火冒三丈，气冲冲地跑进厨房质问伊索：“昨天说舌头是最好的菜，怎么这会又变成最不好的菜了？”

只见伊索镇静地回答：“祸从口出，谣言和伤害都是由舌头传播出来的，舌头会给我们带来不幸，所以它也是最不好的东西。”这句无可辩驳的话，让主人哑口无言。

在不同的时间，不同的地点，面对不同的对象，最好的可以变成最坏的，最坏的亦可以变成最好的。除了不停地变化是绝对的之外，没有任何事情是绝对的。

巴顿中校：对手帮了我们一个大忙

上个世纪末，美国陆军开始更新装备，一种被称之为“艾布拉姆”的M1A2型坦克开始陆续装备进入军队，这种坦克的防护装甲当时是世界上最坚固的，它可以承受时速超过4500公里、单位破坏力超过1.35万公斤的打击力量。

说起这种坦克装甲的研制，还有一段佳话。

乔治·巴顿中校是美国最优秀的坦克防护装甲专家，他接受研制M1A2型坦克装甲的任务后，立即找来了他的老朋友与老对手——毕业于麻省理工学院的著名破坏力专家迈克·马茨工程师来做搭档。两人各带一个研究小组开始工作，所不同的是，巴顿带的是研制小组，负责研制防护装甲；迈克·马茨带的则是破坏小组，专门负责摧毁巴顿已研制出来的防护装甲，可谓一个是矛，一个是盾。

刚开始的时候，马茨总是占据着上风，他能轻而易举地将巴顿研制的新型装甲炸个粉碎，但随着时间的推移，巴顿锲而不舍地一次次地更换材料、修改设计方案，终于有一天，马茨使尽浑身解数也未能奏效。于是，世界上最坚固的坦克在这种近乎疯狂的“破坏”与“反破坏”试验中诞生了，巴顿与马茨这两个技术上的“冤家”也因此而同时荣获了紫心勋章。

巴顿中校事后说：“事实上，问题是不可怕的，可怕的是不知道问题出在哪里，于是我们英明地决定‘请’马茨做欢喜冤家，尽可能地让他帮我们找到问题，从而更好地解决问题，这方面他真是很棒，帮了我们大忙。”

加藤信三：狮王牌牙刷的逆袭

加藤信三是日本狮王牙刷公司的小职员。和每一个辛勤的打工族一样，尽管每天晚上加班加点，很晚才回家休息；尽管头晕目眩，想好好地睡上一觉，但早上他还是会立刻起床，赶到公司去上早班。起床后，他匆匆忙忙地洗脸、刷牙，哪知越忙越出麻烦：牙龈被刷出血来！加藤信三不由得怒火中烧，将牙刷狠狠地摔在地上，因为刷牙时牙龈出血的情况以前已经发生过好多次了。情绪不好的他怀着一肚子牢骚和不满冲出了家门。

作为一个牙刷公司的职员，数次刷牙都牙龈出血，加藤的火气越来越大。他怒气冲冲地朝公司走去，准备向技术部门发一通牢骚。

走进公司大门时，他的脚步不由自主地放慢了。加藤信三想起参加公司组织的管理科学学习班时，管理科学中有一条名言让他记忆犹新，这条名言说："当你遇有不满情绪时，要认识到正有无穷无尽的新天地等待你去开发。"

当他渐渐地平息了怒火之后，和同事们想出了许多解决牙龈出血的好办法。他们提出了改变刷毛的质地、改造牙刷的造型、重新设计刷毛的排列等各种改进方案。大家商定后对此逐一进行试验。

在试验中，加藤发现了一个常人所忽略的细节：他在放大镜下看到，牙刷毛的顶端由于机器切割，都呈锐利的直角。"如果通过一道工序，把这些直角都挫成圆角，那么问题不就迎刃而解了吗？"同事们对此都表示赞同。

经过多次实验后，加藤和同事们把成功的结果正式向公司提出。公司很乐意改进自己的产品，迅速投入资金，把全部牙刷毛的顶端都改成了圆角。

改进后的狮王牌牙刷很快就受到了广大顾客的青睐。公司的效益因此迅速增加，对公司做出巨大贡献的加藤也从普通职员晋升为科长，十几年后登上了公司董事长的宝座。

Harvard

第七章

哈佛灵感思考术

捕捉灵感的“闪电”

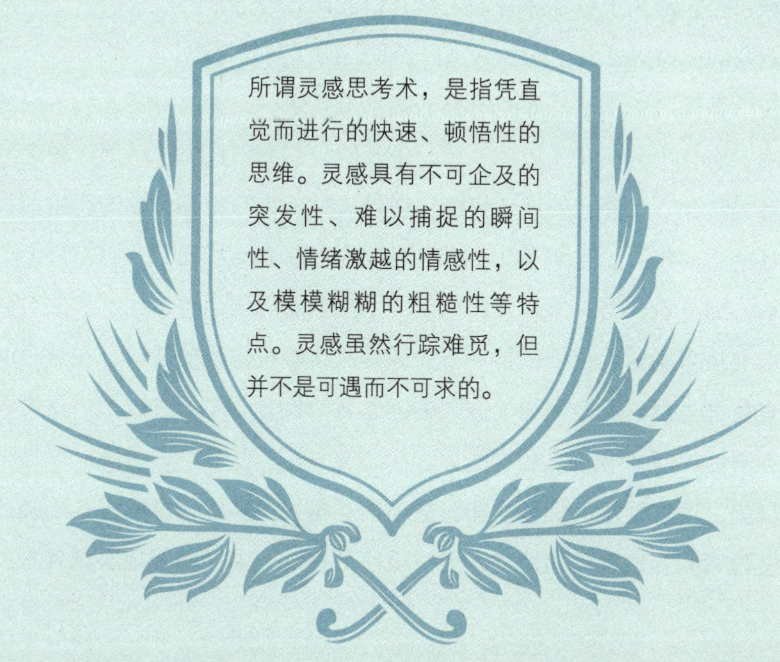

所谓灵感思考术，是指凭直觉而进行的快速、顿悟性的思维。灵感具有不可企及的突发性、难以捕捉的瞬间性、情绪激越的情感性，以及模模糊糊的粗糙性等特点。灵感虽然行踪难觅，但并不是可遇而不可求的。

无论是在我们的日常生活中还是科研工作中，“意外发现”这个词频繁地出现。关于“意外发现”这个词，还有一个有趣的传说。

“锡兰三王子”这个传说在英国流传已久。相传，锡兰有三个爱丢东西的王子，所以他们每天的大部分时间就是常常四处寻找自己丢失的东西。可是，每次他们没找到自己想找的东西，却总是会发现一些意想不到的惊喜。

于是，英国作家赫拉斯·沃尔波尔创造出了一个新词“意外发现”，是指具有锡兰王子的“找到意外东西”的能力之意。后来，随着时间的变迁，这个词语被广泛用于称呼那些偏离研究目的而意外得来的研究成果。而我们本章研究的“灵感思维”就基本来自于我们的“意外发现”。

钱学森提出，灵感是人类思维的基本形式之一，无数事实证明，灵感是存在的，而且十分活跃又极其重要。宋朝欧阳修的“枕上、马上、厕上”就是灵感经常化、特性化的生动描绘。通过研究前人对灵感思维的产生与特性的精妙论述，我们发现灵感思维的产生离不开心理和生理两大主体性因素。

从心理上看，当一个人长期思考某个复杂的问题而得不到解决的时候，往往会去从事别的事情来调整一下，或者从事轻松愉快的活动，在这个时候人的显思维虽然对那个困扰你许久的问题暂时搁置，不再去想，但是潜思维却仍在惯性的活动中继续思考。

因为，潜思维能从信息量比显意识信息量大的多的信息库中，不知疲倦地反复检索和提取有关的信息，能以极高的速度一遍又一遍地尝试各种各样的信息组合，一旦有了闪光的连接点，便马上与显思维沟通，即表现为获得灵感。

灵感具有以下基本特征：

1. 不可企及的突发性

不可企及的突发性是灵感的基本特点，因为灵感的产生是在某一特定情境下潜思维和显思维的突然接通并迸发出的灵思妙想。灵感在何时何地出现，受什么启迪或者触动而发生都是不可预期的。圆舞曲之王约翰·施特劳斯有一次在多瑙河散步，大自然的美景激发了他的创作灵感，当时他没有带纸，情急之下，在衬衣之上谱下了《蓝色的多瑙河》这首不朽名曲。

2. 难以捕捉的瞬间性

灵感出现的瞬间，思路开朗，突然顿悟，但这个时间非常短暂，转瞬即逝，创造者稍不留意或稍一放纵，伴随灵感出现的创意火花就会熄灭、消失或变得模糊不清。

3. 情绪激越的情感性

灵感出现是意识活动的爆发式质变、飞跃，是令人豁然开朗的茅塞顿开，可使神经活动一下子进入高度的兴奋状态，因此，随之而来的必然是情绪高涨、身心舒畅的状态。艺术创作中的情感性很为突出。

4. 模模糊糊的粗糙性

对于创新的最终成果来说，灵感只是一种半成品，是零碎片段、模糊不清的，需要经过思维的进一步加工整理。所以说，灵感提供的思维成果，还需要进一步加以补充和修正才能真正富有价值。

灵感虽然行踪难觅，但并不是可遇而不可求的。只要你不畏劳苦地学习和积累，孜孜不倦地思考和探求，灵感就会来走进你的心扉。

通过下面的灵感思维术的训练，相信你对灵感思维又会有一个新的认识。

选择产生灵感的环境是非常重要的，很多艺术家就是在他们自己设计的工作室里工作才最富有成效。

1. 考虑一下什么能激发你的灵感

先考虑一下什么能激发你自己的灵感，接着创造一个对你进行创造性思维最有益的环境，放一些背景音乐、控制室内温度、开窗，或是让你自己舒舒服服地坐在一张沙发上，穿上你最喜欢的一件衣服，把外界的噪音和打扰全部阻挡在外。同时确保你所要使用的工具，像纸笔、白板、电脑等都已齐备，为了找寻一些小工具而打断灵感是不划算的。

2. 创造合适的思考时间和空间

具有高度创造力的人，往往有各自的思考时间和空间，比如海明威一大早就在咖啡馆里写作；笛卡尔在床上工作；爱迪生在实验室睡觉，以便一有灵感就可以立刻投入工作；贝多芬随时都带着笔记本以便随时记录他自己的作曲想法。虽然我们不可能人人都达到这些伟人的境界，但是学习他们的经验，建立自己的思考时间和思考地点，对我们依旧是有好处的。

理想的工作环境不应该有苛刻的条条框框，在放松、自由、人人负责、相互支持和相互承认的氛围中，个人的才华自然是好风凭借力，送我上青云。

一旦选择了最容易产生创意的环境，你就可以找寻什么时间段最适合自己工作了。有人做了一项最佳灵感时间的测试，结果位居前10位的最佳灵感时间是：

坐在马桶上；

洗澡或刮胡子时；

上下班的公交车上；

快睡着时或刚睡醒时；

参加无聊会议时；

休闲阅读时；

体育锻炼时；

半夜醒来时；

听人神侃时；

从事体力劳动时。

我们也应该仔细观察一下自己的习惯，找出最容易迸发灵感的时间。正如爱因斯坦所说：“和淋浴交个朋友吧，若你在淋浴时不自觉地哼起歌来，说不定歌里面就有你要的好点子。”营造灵感的时间，或许就是让自己暂时休息一下，离开办公桌去倒杯咖啡，或者走到别的部门，翻翻杂志，又或者去看看窗外的景致。

3. 设立一个课题

思考是针对一定问题的，没有对问题的思考，自然也就不会产生灵感。课题是灵感产生的首要条件，灵感都是客观的实践需要和主观探索精神相结合的产物。另外，我们需要有解决问题的强烈愿望，解决问题的愿望越迫切、越有激情，思维活动就越积极。

4. 反复长时间思考问题

俄国著名作曲家柴可夫斯基曾经说过：“灵感是这样一位客人，它不爱拜访懒惰者。”很多灵感，是经过了一些日子仿佛纯粹是无效的有意识的努力后才产生的，在做出这些努力的时候，你往往以为没有做出任何有益的事情，似乎觉得选择了完全错误的道路，但事实正好相反，这些努力其实推动了无意识的机器，没有它们，机器不会开动，也不会产生任何东西。

灵感思维是可以有意识地去培养的。哈佛大学的一些专家通过研究与实践总结出来一些方法：

1. 每周上下班选择一条不同的路线

如果你每周上下班有不同的路线可供选择，那么就要好好地利用它们。尽可能让你的生活富有变化，当你走上一条完全不同的路线去工作的时候，注意欣赏下周围的环境和风景。

2. 每天尝试换一家餐馆吃饭

不要每天都去对你来说方便的那一家餐馆来解决你的午饭，也不要每天都点一样的菜。经常尝试一些新的餐馆和新的菜式，通过新的菜式，稍微改变下你的习惯，也能给你的创造性思维提供一些新的激励。

3. 听听音乐做做白日梦

找一个你可以放松，不被打扰的地方，关掉手机和电脑，听听音乐，啥都不做只是做个白日梦。好好休息，就这样让自己放松一个小时。

4. 给你的创造力找个出口

在你的工作之外，找一些能表达你的创造而你又真正喜欢的事情。这些可能是：写作、绘画、油画、陶艺、园艺、室内装饰或者其他。如果你有这些爱好，记得在你的生活中留出一部分时间来从事这些活动。

5. 涂鸦

随手拿起一张纸和一支笔就开始涂鸦吧，你可以画任何东西。涂鸦并不需要任何艺术细胞。你可以画一些简单的形状、图形、人物、或是物体。

6. 冥想

安静地坐在一个舒适的环境中，闭上眼睛，让自己完全放松下来，然后专注于你手头的问题，让你的思想自由活动。在头脑里练习“如果……会怎样”的游戏。这个练习的关键是集中注意力，但不是用一种分析的方式去思考。你会发现头脑中各种有趣的场景会让你的思维变得更加清晰，并能让你从不同的角度看待问题。

7. 随时记录

经激发而迸发的灵感具有突如其来、瞬息即逝的特点，如不及时捕获，就可能“烟消云散”。捕获灵感的有效方法是，要养成随身携带纸笔的习惯，随时记下闪过脑际的富有独创见解的念头，以供分析、研究和日后查看。

悉尼歌剧院的诞生

悉尼歌剧院位于澳大利亚，是20世纪世界建筑史上的奇迹，它的设计者是当时不到40岁的丹麦建筑设计师琼·伍重。

捕捉灵感的“闪电”

当征集悉尼歌剧院方案的时候，琼·伍重也得到了这个消息，他决定参加这个大赛。

他从资料里，从人们的回忆里，甚至从人们的想象里寻找悉尼。他不但寻找悉尼的地理环境、风光，还包括人们对它的感觉、赞美和对它未来的猜想。

然后他日思夜想、废寝忘食地埋头于他的方案中。他研究了世界各地歌剧院的建造风格，尽管它们或气势宏伟，或华美壮丽，但他都没有从那里获得 点灵感。

这是在南半球的一个十分美丽的港湾都市海边建造的歌剧院，必须摈弃一切旧的模式，具有崭新的思维。

早上，晚上，他都沉浸在设计里；一日三餐，是饱，是饥，他浑然不觉。一天一天过去，截稿日渐近，他却仍无头绪。有一天，妻子见苦苦思索的他又没有及时进餐，就随手递给他一个橘子。沉浸在思索中的他，随手接过橘子，神情却依旧漠然。他一边思考方案，一边漫无目的地用小刀在橘子上划来划去。橘子被他的小刀横的竖的划了一道又一道。无意中，橘子被切开了。当他回过神来，看着那一瓣一瓣的橘子，一道灵感的闪电划过脑海上空。

“啊，方案有了！”

他迅即设计好草图，寄往新南威尔士州，于是，20世纪世界上最伟大的建筑之一——悉尼歌剧院诞生了。

如今，在悉尼——这个世界第一美港的贝尼朗岬角上，三面临海的歌剧院如扬帆出海的船队，又像一枚枚巨大的白色贝壳矗立在海滩上。船队可以想象成壮士出海，贝壳又可以想象成仙人所遗留……日中，它是白色的；日暮，它是橘红色的。不管它怎样变幻着色彩，都与周围景色浑然一体。因为它，悉尼，被赋予想象：海波是舒缓的，白帆是饱满的，贝壳是静态的……浑然天成，一种奇妙的组合。

在人们心中，悉尼歌剧院已经成为一种海的象征，艺术的象征，人类精神的象征。

NIKE原来是做梦的灵感

说起NIKE这个品牌，大家都知道这是一个再熟悉不过的美国品牌。1971年，蓝带体育用品公司的创办人菲尔·奈特为了拓展亚洲市场，改善公司的形象，决定为公司改名。老板提出以“六度空间”为名，但被公司职员否定，老板无计可施之下，决定发动全公司的积极性来命名。

最后老板便要求职员在规定期限之前提出一个更好的名字，否则就坚持以“六度空间”为名，而这个期限只有12个钟头。全公司唯一的一个全职职员——杰夫·约翰逊，利用两地的时差，拖延3个钟头，挖空心思，费尽脑汁地想，但是进展并不大反而累得打起了瞌睡，喜爱古希腊文学的杰夫在梦里遇到了古希腊传说中掌握胜利的女神Nike，梦境中女神给他带来了灵感，于是他提出以NIKE（耐克）作为蓝带公司的新名字，并得到老板的认可。

在1978年，公司销售额突破1亿美元以后，蓝带体育公司正式更名为耐克公司，而这个名字，在今天已成为亿万资产的代名词。

做梦带来的灵感，在我们的日常生活中也屡见不鲜。很多人声称，他们想出来的不少让人拍案叫绝的点子，都来源于他们的梦境。而大导演克里斯托弗·诺兰，也根据梦境带来的灵感，拍出了《盗梦空间》，并大获成功。

意外收获的听诊法

1816年，内克医院的雷奈克正因为他的一位女患者的病情烦躁地在卢浮宫广场散步，她正因心脏病而受苦。由于她体形肥胖，以手敲诊或触诊都起不了作用，而附耳于其胸口做诊断又不被风俗允许。

这个时候他忽然看到几个孩子正在玩他在孩提时代常玩的一种游戏——一个孩子附耳于一根长木条的一端，他可以听清楚另一个孩子在另一端用大头针刮出的密码。灵光一现之后，他立刻赶回医院。用纸卷成圆筒，结果一点也不意外，雷奈克听到了心脏跳动的声音，比他以前任何一次直接附耳于患者胸口听得更清晰。那一刻，他思索着，这是一个好办法，除了心脏以外，胸腔内器官运动所制造的声音，应该也可以让我们更确认其特性。显然，就在那一瞬间，一个卷起的纸筒使临床医学向前迈进了一大步。

少年的游戏，竟能让人类的医学观察手段前进不少，可谓让人感叹：世上无难事，只怕有心人。

大街上找来的灵感

有一家银行，决心扩大自己的知名度，于是和一家广告公司签订协议，要求广告公司做出一个与众不同、别具匠心的大型旅行支票的广告。广告公司主管的压力很大，他召集同事说："这次旅行支票的广告，上面很重视，要求我们必须拿出不同凡响的作品来。我打个比方好了，这个旅行支票广告一面世，就要像明星上街一样引人注目。"

广告部的同事听后，个个铆足了劲，但同时也感到担子很重，要找到如此吸引人的好创意谈何容易。

大家加班加点，绞尽脑汁，可是想出来的点子总不能达到令人惊艳的效果。

一天下午，几位同事一起出去吃完晚餐后，决心找点灵感，于是满大街闲逛。

忽然，大家看到前方一片骚乱，于是也都跑上前去看看发生了什么事。原来是警察抓住了一个扒手，不少行人都围拢过来看热闹，远去的行人也频频回头。

"这不就跟明星上街一样引人注目？！"一位同事突然情不自禁地喊出声来。

过了些日子，这家银行推出了一个绝妙的广告：

图：一个扒手正将手伸入游客的口袋。

文：你将亲眼目睹一宗罪行。

黑体字：使用我们的旅行支票可以预防这种罪行。

最终，这个广告家喻户晓，深入人心，最终火遍大江南北，为旅行支票的广泛使用打开了通道。

瞬间激发的灵感火花

1898年，鲁特玻璃公司一位年轻的工人亚历山大·山姆森在同女友约会时，发现女友穿着一套筒形连衣裙，显得臀部突出，腰部和腿部纤细，非常迷人。

约会结束后，他突发灵感，根据女友穿着的这套裙子的形象设计出一个玻璃瓶。

经过反复修改，亚历山大·山姆森不仅将瓶子设计得非常美观，很像一位亭亭玉立的少女，他还把瓶子的容量设计成刚好一杯水大小。瓶子试制出来之后，获得大众交口称赞。有经营意识的亚历山大·山姆森立即到专利局申请了专利。

当时，可口可乐的决策者坎德勒在市场上看到了亚历山大·山姆森设计的玻璃瓶后，认为非常适合作为可口可乐的包装，于是他主动向亚历山大·山姆森提出购买这个瓶子的专利。经过一番讨价还价，最后可口可乐公司以600万美元的天价买下此专利。要知道在100多年前，600万美元可是一项巨大的投资。

亚历山大·山姆森设计的瓶子不仅美观，而且使用非常安全、易握、不易滑落。

更令人叫绝的是，其瓶形的中下部是扭纹形的，如同少女所穿的条纹裙子；而瓶子的中段则圆满丰硕，如同少女的臀部。

此外，由于瓶子的结构是中大下小，当它盛装可口可乐时，给人的感觉是分量很多的。

采用亚历山大·山姆森设计的玻璃瓶作为可口可乐的包装以后，可口可乐的销量飞速增长，在两年的时间内，销量翻了一倍。

从此，采用山姆森玻璃瓶作为包装的可口可乐开始畅销美国，并迅速风靡世界。

600万美元的投入为可口可乐公司带来了数以亿计的回报。

巧妙征求员工的想法

你和朋友合伙开了一家酒店，但是你只负责投资，对管理却一窍不通。不幸的是，你的朋友却因心脏病住进了医院，你必须担当起管理的责任，而这个时候，酒店有500位员工，月亏损10万元左右，请问你应该如何面对这个局面，采取什么措施呢？

哈佛灵感思考术

老板和员工之间存在一个信息不对称关系，员工并不知道你是外行，因此，你可以以一位酒店专家的姿态出现在员工面前，这样，员工才不会因为你朋友的病情而丧失对酒店管理的信心。

你应该与每一位中层管理人员面谈，对每个走进办公室的人说：“抱歉，我是来整治公司的，公司无法雇佣一位失去竞争能力的员工，如果你能正确地指出酒店现在的弊端并提出有效的建议，说明你知道如何做好你的工作，那么我们就与你继续合作。”

几天的面谈下来，建议堆积如山，你只需要仔细研读，付诸行动就可以了，因为第一线员工面对当前酒店困难的分析会更加翔实和客观，而你也树立了极高的威信。

逼出来的灵感

英国著名大画家索希尔有一次应英国女王的邀请，要在皇宫里画一幅大壁画。为画这幅巨制，画家搭起了一个三层楼高的脚手架。索希尔专注地完成了这幅巨作。

女王带领一批大臣前来观看。当时，索希尔正站在脚手架上全神贯注地审视自己的作品。他一边看一边往后退，直退到了脚手架的边缘，可他自己却丝毫没有觉察到死神的手已经触摸到了他！

站在脚手架下的女王和大臣们全都吓呆了，但谁也不敢出声：大家知道，谁要是喊出声来，索希尔一定会受到惊吓，掉到地上摔死。这个时候，应该怎么办？

哈佛灵感思考术

这时，站在索希尔身边的助手情急生智，他大步冲到壁画前，拿起画笔在壁画上乱涂乱抹起来。索希尔见此勃然大怒，急忙奔上前去抢夺助手手里的画笔："你疯了吗？"

这样，索希尔离开了死亡线得救了。他的助手用逼出来的灵感，救了他一条性命。

情急之下的应急措施

在一次世界博览会期间，一个叫欧内斯特·汉威德的小贩获准在展会内摆摊，出售一种叫查拉比饼的很薄的奶蛋饼。在他的旁边，另一个小贩也摆了一个摊，是用小盘子出售冰激凌。两个人认识以后，很快就成为了好朋友，在生意上互相支持、照顾。有一天，他俩的生意都特别好，没卖多长时间，卖冰激凌的小贩就把小盘子用完了。这时，小摊的前面还有很多顾客站在那里排队等候，眼看就要因为没有小盘子而失去了这样的好机会，这可把卖冰激凌的小贩急坏了，这也同样急坏了汉威德，汉威德在一旁十分着急地看东看西，恨不得一下子给他的朋友变出一大堆小盘子。他该如何解决这个棘手的问题呢？

哈佛灵感思考术

汉威德在情急无奈的情况下，忽然灵机一动，头脑中闪过一个念头：能不能把奶蛋饼趁热时卷起来，等它凉了以后，用它来代替小盘子盛冰激凌呢？如果行的话，那就太好了！一试，果然可以，而且由于"盘子"也可以吃，大受顾客的欢迎。蛋卷冰激凌，这本来是情急之下的应急措施，后来竟成为至今还风行全世界的美味可口的食品。

困境中的急中生智

在一次国际名酒博览会上，第一次展出中国名酒茅台。那时，茅台酒虽然在中国享有盛名，但在国际上还是一个无名小卒。

展出的名酒都有美丽高级的包装，茅台酒却因为没有好看的包装，而很少有人问津。

博览会眼看就要结束了，经过展示摊位的来宾，都是看一眼就匆匆地离开了，负责展示的人员因为无法向上级交差，个个心急如焚，不知如何是好。

这时，一位工作人员灵机一动，"失手"打破了一瓶茅台酒，场内立刻香气四溢，许多来宾闻香而来，没过多长时间，摊位上就聚集了大批观众。

博览会结束了，中国酒厂接到大批订单。从此，茅台酒在国际上就有了知名度。

哈佛灵感思考术

人在困境中常常能急中生智，触发灵感，因此，重视灵感的闪现，就要学会在困境中迅速抓住脑海中的想法。灵感有时就像那飞翔的鸟一样，突然闪现，转瞬即逝。在困境之中它会变得更为明显，人们往往能够急中生智，触发灵感。因此，我们就要学会在困境中迅速抓住脑海中的想法，不让它溜走。

可见，工作中很多的失误往往会隐藏着许多对我们有用的信息，身处困境时，积极地开动大脑，灵感就会不期而至。如果我们能够将其挖掘出来，就能够反败为胜，为我们的工作带来转机。

丝线穿孔的智慧

唐朝时，西藏的松赞干布派了足智多谋的大臣禄东赞向唐太宗请求和婚。据说，唐太宗给禄东赞出了三道难题要他回答，必须全部答对，才允许将文成公主许配给藏王。

其中一道题是：有一颗很大的宝珠，珠内有一条很小的孔道，而且是弯弯曲曲的，唐太宗要求禄东赞用丝线从孔道的一头孔眼穿进去，然后从另一头孔眼穿出来，丝线是软的，宝珠的孔道又弯又长，要穿过是很困难的。足智多谋的禄东赞也被难住了，好一阵也没想出办法。

他该如何解决这个难题呢?

哈佛灵感思考术

禄东赞低头思考时，忽然看见有一只蚂蚁在地上爬行，于是禄东赞灵机一动，有了解决问题的方法，他将丝线拴在蚂蚁上，让蚂蚁爬入孔道的一个孔眼，然后向孔眼里吹风，促使蚂蚁前行，同时，又在另一头孔眼的外面抹上一些蜜，让蚂蚁闻到蜜的香味，更加向前行进，当蚂蚁从一头孔眼爬到另一头孔眼时，丝线也就穿过了宝珠内的孔道。

阿基米德：洗澡也能发现定律

2000多年前，国王高宾洛二世给金匠一块纯金，要他做一顶王冠。金匠制成后，重量与国王给的那块黄金完全相同。可是国王不放心，于是要大科学家阿基米德检验王冠中是否掺有其他东西。

阿基米德虽是著名的数学家，但王冠的形状十分复杂，用几何学的方法算不出它的体积来，更加别说判定黄金的成分了。他成天冥思苦想，可就是不得要领。

有一天他去洗澡，决定好好休息一下。人坐在盛满水的澡盆里，水溢出来的现象一下子触动了他，阿基米德顿时醒悟：盆里溢出来的水的体积，不就是自己的身体浸在水里的那一部分体积吗？

他猛地从澡盆里起来，在街上狂喊：“我发现了！我发现了！”跑到王宫后，他把王冠和同等量的纯金先后放进盛满水的盆子里，比较两盆溢出来的水量。

结果，纯金排出的水少，而王冠排出的水多，于是阿基米德断定：王冠是掺了假的，因为金子比重大，在重量相同的情况下体积比较小，掺了别的金属后，比重减轻，体积增大，排出的水就多了。

国王的怀疑被证实了，金匠不得不承认偷了金子。这样，阿基米德不仅揭开了金冠之谜，还由此发现了著名的阿基米德定律。

歌德：一气呵成的传世佳作

歌德是18世纪中叶到19世纪初德国和欧洲最重要的剧作家、诗人、思想家。歌德除了诗歌、戏剧、小说之外，在文艺理论、哲学、历史学、造型设计等方面，都取得了卓越的成就。

歌德的成名作就是《少年维特的烦恼》，说起这部作品，还有一段趣闻。

歌德在22岁时曾钟情于一位女孩，因这个女孩已经嫁人而无法与之结合。歌德精神痛苦，无计排解，正打算自杀，偶然从报上读到一个青年因失恋而自杀的消息，顿时，心中仿佛有一道闪电，迸发出自传体《少年维特的烦恼》的构思。

于是，他匆匆赶回家，关起门来，埋头两个星期，终于写出这篇不朽的名著，自杀的念头也不翼而飞。

据歌德自己说，以往他写东西，虽经反复修改、再三斟酌，但后来仍不满意，而《少年维特的烦恼》却是一气呵成，也没有什么改动。

事后他对朋友说："这部书好像是一个患睡行症的人在无意之中写成的。"

笛卡尔：解析几何学的由来

在解析几何这门学科没有建立之前，代数方程和几何都是分开的两门课程。

17世纪，法国著名数学家和哲学家笛卡尔，在很长一段时间内，都在思考这样一个问题：虽然几何图形是形象的，代数方程是抽象的，那么能不能将这两门数学统一起来，用几何图形来表示代数方程，用代数方程来解决几何问题呢？

为了解决这一问题，他日思夜想，但一直找不到突破的方向。有一天早晨，思绪重重的笛卡尔躺在床上睁开眼发现一只苍蝇正在天花板上爬动，他躺在床上耐心地看着，忽然头脑中灵光一闪：这只来回爬动的苍蝇不正是一个移动的“点”吗？这墙和天花板不就是“面”，墙和天花板相连接的角不就是“线”吗？苍蝇这个“点”与“线”和“面”之间的距离显然是可以计算的。

笛卡尔想到这里，情不自禁地一跃而起，找来纸和笔，迅速画出三条相互垂直的线，用它来表示两堵墙与天花板相连接的角，又画了一个点表示来回移动的苍蝇，然后用X和Y分别代表苍蝇到两堵墙之间的距离，用Z来代表苍蝇到天花板的距离。

后来，笛卡尔对自己设计的这张形象直观的“图”进行反复思考研究，终于形成这样的认识：只要在图上找到任何一点，都可以用一组数据来表示它与另外那三条数轴的数量关系。

同理，只要有了任何一组像以上这样的三个数据，也都可以在空间上找到一个点。这样，数和形之间便稳定地建立了联系。

于是，数学领域中的一个重要分支——解析几何学，在此基础上创立了。他的这套数学理论体系，引起了数学界的一场深刻革命，有效地解决了生产和科学技术上的许多难题，并为微积分的创立奠定了坚实的基础。

迪斯尼：米老鼠诞生记

有这么一位孤独的年轻画家，除了理想一无所有。他无钱租房，于是借用一家废弃的车库当画室。夜里常听到老鼠“吱吱”的叫声。一天，疲倦的他抬起头，看见在昏暗的灯光下有一双亮晶晶的小眼睛。刚开始，他想方设法去捕杀这只老鼠，后来忽然有一天，一种感同身受的情感充盈他的全身。艺术家悲天悯物的情怀，让他与小老鼠开始互相信任，并建立了友谊。

不久，画家离开这座城市，被介绍到另外一个城市去制作一部卡通片。然而他再次失败了，穷得身无分文。多少个不眠之夜他在黑暗中苦苦思索，怀疑自己的天赋，自己到底是做画家的料吗？突然，他想起了那双亮晶晶的小眼睛，灵感就在黑夜里电光火石般闪现了：以老鼠为形象做一个卡通人物！于是，全世界儿童所喜爱的卡通形象——米老鼠就诞生了。这位画家就是美国最负盛名的人物——沃尔特·迪斯尼。

上帝也许对他并不公平，只给他一只老鼠，但是他却好好地抓住了。

克拉姆：儿童药由苦变甜的灵感

父母都知道，孩子生病，给孩子喂药是最痛苦的事情。可是俗话说“良药苦口”，不懂事或者年幼的孩子一闻到不喜欢的味道，就会把药吐出来。每一次给生病的孩子喂药，很多家长都会苦恼不已，烦躁不堪。很多父母都会因孩子不愿吃药而苦恼，但也就到此为止。然而，有一位父亲因为孩子不愿吃药而触发了灵感，想到要发明一种添加剂——一种可以掩盖苦味的调味剂。他就是美国商人肯尼·克拉姆。

原来，这中间有这么一个故事：

1992年，克拉姆的妻子给他生了一个小女儿哈德莉。但她是一个早产的小婴儿，出现了脑部瘫痪、间歇性肌肉痉挛发作的症状，每天必须服四次苯巴比妥药水。如果药量吃得不够，她的病就会持续发作。每天给哈德莉喂药，她不是呕吐就是把药喷出来。克拉姆回忆道：“那段日子，我们基本上每周都在急诊室里度过。”

为了安慰病痛的小女儿，每次喂完药，他都尽量抱着她玩耍，并且让她吃糖和玩水果泥。他发现，女儿虽然还在为刚才吃到嘴里的苦药而哭泣，但一看到金黄色香蕉，就咧开嘴笑了。克拉姆忽然想到：要是苯巴比妥药水的味道也像香蕉这么吸引孩子就好了。

这个想法一冒出来，克拉姆兴奋极了，他认为这个想法完全可行。于是他回到父母开的药店里，开始尝试着调试不冲淡药量、不影响药效的无害添加剂。经过无数次尝试，终于，一种香蕉口味的调味剂研制出来了。从那以后的10年里，哈德莉再没有因为服药不足而住进医院，给孩子喂药不再是一个难熬的差事。

给孩子喂药的经历最终促使克拉姆创办了福雷沃克斯公司，专门生产掩盖药品味道的调味剂，并研制改进其他液体、丸状、粉状处方药味的调味剂配方。

克拉姆的成功完全来自一个突如其来的灵感。在我们平凡的生活中，任何一个不经意，都可能激发有心人的灵感，都可能创造一个奇迹。肯尼·克拉姆就做了这样一件事：他用一勺香蕉调味剂让苦涩的药变得美味，也让许许多多的父母和孩子远离了烦恼和痛苦。

盖兹博士：把问题交给潜意识

艾默·盖兹博士是美国伟大的教育家、哲学家、心理学家、科学家及发明家，他一生中所发明的产品达数百种。

一次，拿破仑·希尔造访盖兹博士的实验室。他依约抵达时，盖兹博士的秘书却说：“对不起，此刻我不能打扰博士。”

“我要等多久才能见得到他？”拿破仑·希尔问。

“不知道，可能要3个钟头。”

“你可否告诉我不能打扰他的原因？”秘书小姐略为迟疑了一下，然后说：“他在等待灵感。”拿破仑·希尔笑着问：“等待灵感？是什么意思？”

秘书也报以微笑说：“让盖兹博士自己解释更好。我真的不知道要等多久，但是欢迎你在这里等他；如果你要改天再来，我会尽量帮你安排确定的时间。”

拿破仑·希尔决定等，这真是明智的选择。拿破仑·希尔描述当时的情形：

“盖兹博士终于走出房间，他的秘书为我引荐。我们的交谈十分愉快，

后来，他愉快地说：‘有没有兴趣看一下我等待灵感的地方？’

“他带我到一个有隔音设备的小房间，里面只有一张桌子和一把椅子。桌子上放着一堆纸，几支铅笔，一个电灯的开关。

“盖兹博士解释说，遇到问题无法解决时，他会走进房间，把门关上，坐下来，把灯熄掉，开始沉思。他应用全神贯注的成功法则，把问题交给潜意识处理；有时毫无灵感，有时灵感却会泉涌而来。等待的时间可能长达2个钟头。当灵感出现时，他会把灯打开，逐一地记下来。”

盖兹博士创新及改良的专利产品超过200种，其中包括许多人研究过，却功亏一篑的东西。他会先仔细研究产品的功能和用途，找出缺点，再把产品和资料、图纸带进房间，专注地思考处理的方法，补上不足的部分。

拿破仑·希尔问盖兹博士，他所等待的灵感从哪里来。盖兹博士说，所有的灵感都来自教育、观察及自身的经验所得的知识，它们储存在潜意识中；别人所得的知识，以心电感应的方式互相累积；大脑的潜意识串联宇宙中无尽的知识。

Harvard

第八章

哈佛创新思考术

打开创造力的闸门

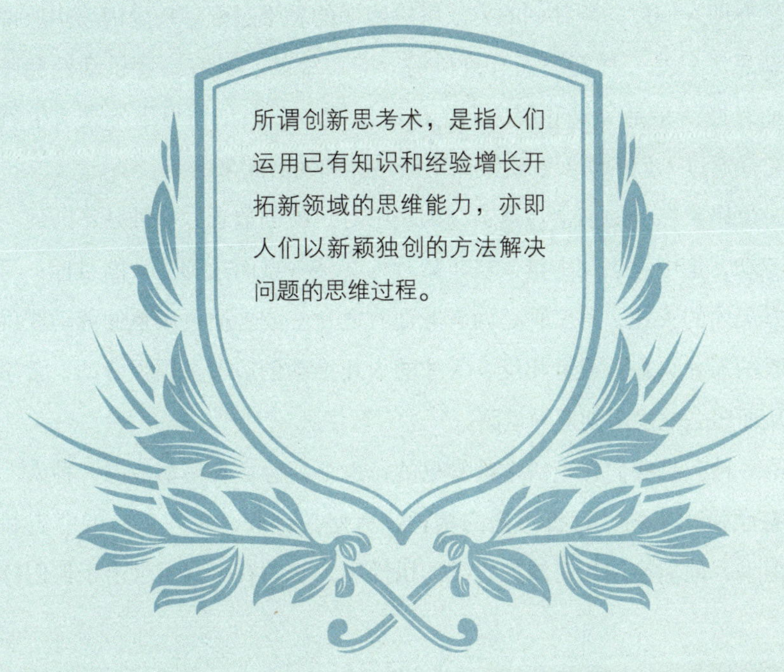

“创新思维”一词近年来成为使用率非常高的词汇之一，在我们的生活和工作中被广泛地应用。无论是我们个人，还是一个团体，在这个充满变化、日新月异的社会中都将面临着生存的考验。可以说，我们身体里的“创新因子”活跃与否，关系到我们的事业是“死”还是“活”。谁要抓住创新思想，谁就会成为赢家，谁要拒绝创新思维，谁就会平庸。

那么，什么是创新思考术呢？

所谓创新思考术，是指人们运用已有知识和经验增长开拓新领域的思维能力，亦即人们以新颖独创的方法解决问题的思维过程。按爱因斯坦所说，“创新思维只是一种新颖而有价值的、非传统的、具有高度机动性和坚持性，而且能清楚地勾画和解决问题的思维能力”。创新思维不是天生就有的，它是通过人们的学习和实践而不断培养和发展起来的。

一位作家在他的书中写道：“人类中有三种创造者：一种是不断地、顽强地劳动，集中意志和力量，长年累月，突破一点而达到伟大的目标；另一种是靠天才的火花；第三种是两者兼而有之——或者通过顽强的劳动获得令人耀眼的天才火花，或者相反，天才的火花推动创造者去顽强劳动，常年探索，从而照亮他发明创造的道路。”

第一种人是我们在生活中最常见的，也是社会最容易塑造的一种人，他们拥有顽强、坚韧、百折不挠的精神，有坚持到底、重点突破的意志和力量。但是，他们往往相对缺乏思维的悟性和开阔的视野，不过由于他们持之以恒，所以大部分人还是取得了令人瞩目的成就，这样的人是值得我们尊敬的。

第二种人就是天才，他们也许放荡不羁，也许不拘于常理，所以他们的成就通常是由他们的天赋所造就的，这种人在人类历史上凤毛麟角。

第三种人就是创新人才的代表，他们借助着顽强的劳动和天才的火花互相促进，使得自己的才能完全释放了出来，大大降低了自己的无效劳动或者说低效劳动。

其实，创新能力是正常人都具有的一种心理品质，是每个正常人都具有的一种变革事务的潜能。著名教育学家陶行知先生就说过："人类社会处处是创造之地，天天是创造之时，人人是创造之人。"那么，为什么在日常生活中，很多人丧失了创新的能力呢?

无数的科学实验表明，人类在孩提阶段是极富创新意识的，所谓"初生牛犊不怕虎"，儿童面对这个千奇百怪的世界，他们渴望探索，渴望发现，喜欢尝试新的东西，而且他们没有太多条条框框的约束，于是他们常常能在不同想法之间任意游走。而当我们年岁渐长，逐渐被惯性思维所限制，被从众的枷锁牢牢锁住时，便渐渐丧失了创新的能力。

希腊神话中说：

天神创造了人之后，不想将生活的秘密告诉人类，但又不知该将生活的秘密藏在哪里，才不会被人类轻易发现。

有一位神说："把它埋在山底下。"

天神说："万一人们去开山掘地，还是会发现的。"

另一位神说："那就把它藏在深海里好了。"

天神说："人类以后发展高科技，自然也有办法到海底去探索，到时候这秘密也会被找出来的。"

当诸神都想不出好方法之时，有一位小神来到天神的面前说："我想把生活的秘密，放在人类的心灵深处。人类的天性让人类只会向外追寻，从不会探索自己的心灵深处，如此人类就永远找不到它了。”

诸神全部都点头，同意小神的意见。

正如这位小神所说，我们大多数人善于向外界探索，去发现各种秘密，却很少去寻找心中的秘密。认识到这一点后，如果我们能解放自己的思想，发掘自己的内心，那么我们将收获很多。

如何让我们的大脑再次被激活，充满创意的点子呢？

1. 要培养自己独立思考的能力

独立思考，顾名思义，就是能够拥有自己的思维和想法，而不是人云亦云，跟着大众和稀泥。人是复杂的，有学者指出，人性中普遍存在着两个相反的特质，这两个特质都是积极思考的绊脚石。

一个是轻信，我们往往不凭证据或只凭很少的证据就相信一些事情，而忘了“实践是检验真理的唯一标准”。另一个是不相信我们不了解的事物，凭借自己的经验对新生事物加以否定。

这两个特质都是不正确的，它们就像两个极端，都是错误和不可取的。成为一个独立思考者，就要使自己成为思维的主人而不是奴隶，自己开动脑筋，用事实说话，而不是主观臆断和凭空猜测，因为你的思想，是你自己唯一能完全控制的东西，你应该好好把握这份权利和福气。

2. 要培养自己的“独创性”

创新，关键在于“新”，拾人牙慧，走前人老路的思维不是创新思维，创新就是要解决实践中出现的新问题，新情况。

举一个大家都知道的例子吧。

1997年，苹果公司的市值不到40亿美元，但当锐意创新的总裁乔布斯回归苹果以后，经过几年的探索，苹果开始积极创新，很快大众便知道“苹果”是一家不错的公司，但新的问题出现了——愿意为它掏钱买单的人却并不多。

苹果似乎不那么“物有所值”，这是否说明乔布斯的创新失败了呢？别着急。2003年，苹果推出了一个跨时代意义的平台——iTunes，起初的时候，它只是一个和iPod对应的平台，然而现在它已经成为苹果一系列产品的终端平台，它彻底改变了苹果公司。

为什么说iTunes如此重要呢？因为它意味着苹果的转型，以前苹果公司只是做产品非常出色，现在他拥有这个平台以后，他可以卖应用软件来盈利了。因为iTunes强大的功能，让苹果旗下的产品具有了“独创性”的魅力，从而一下与市场上的其他产品区分开来，让苹果的产品具有了独特的号召力。

可以说，没有iTunes的出现，就没有iPhone和iPad等跨时代产品的出现。

2007年，苹果发布iPhone，2008年推出了App Store，并实现了与iTunes的无缝连接，2010年苹果公司又推出了iPad，这些产品的每次登台亮相，都引起了巨大的轰动。截止到2010年5月26号，苹果公司以2213.6亿的市值一举超过微软公司，成为全球最具价值的科技公司。苹果将先进的科学技术和创新性的商业销售模式结合起来，让自己有了脱胎换骨的变化。

商界有句名言：“谁聪明谁才能赚，谁独特谁才能赢。”独创性，无疑是一个区别你和他人的标签，让你更容易脱颖而出。

3. 我们要拥有探索未知和新鲜事物的勇气

一个想具有创新思维能力的人，首先应有思维的探索性，有“钻牛角尖”的精神，社会上很多自然现象和生活琐事，都是我们探索的方向和素材。

在18世纪以前，科学的发展十分有限，人们还不能正确地认识雷电到底是什么，当时人们普遍相信雷电是上帝发怒的说法。一些不信上帝的有识之士曾试图解释雷电的起因，但都未获成功，学术界比较流行的是认为雷电是“气体爆炸”的观点。1746年，一位英国学者在波士顿利用玻璃管和莱顿瓶表演了电学实验。富兰克林怀着极大的兴趣观看了他的表演，并被电学这一刚刚兴起的科学强烈地吸引住了。随后，富兰克林自己开始了电学的研究。富兰克林在家里做了大量实验，研究了两种电荷的性能，说明了电的来源和电在物质中存在的现象。

思维敏捷的富兰克林经过反复思考，断定雷电也是一种放电现象，它和在实验室产生的电在本质上是一样的。于是，他写了一篇名叫《论天空闪电和我们的电气相同》的论文，并送给了英国皇家学会。但富兰克林的伟大设想竟遭到了许多人的嘲笑，有人甚至嗤笑他是“想把上帝和雷电分家的狂人”。

富有探索精神的富兰克林决心用事实来证明一切。1752年6月的一天，阴云密布，电闪雷鸣，一场暴风雨就要来临了。等待很久了的富兰克林和他的儿子威廉一道，带着上面装有一个金属杆的风筝来到一个空旷地带。富兰克林高举起风筝，他的儿子则拉着风筝线飞跑。由于风大，风筝很快就被放上高空。父子俩焦急地期待着，此时，天边一道闪电从风筝上划过，富兰克林用手靠近风筝上的铁丝，立即掠过一种恐怖的麻木感。他抑制不住内心的激动，大声呼喊：“威廉，我被电击了！”随后，他又将风筝线上的电引入莱顿瓶中。回到家里以后，富兰克林用雷电进行了各种电学实验，证明了天上的雷电与人工摩擦产生的电具有完全相同的性质。

富兰克林关于天上和人间的电是同一种东西的假说，在他自己的这次实验中得到了光辉的证实。

海边有一种螃蟹叫做“寄居蟹”，它是寄居在贝壳等软体动物的壳里面的。但是等它生长到一定大小以后，就要寻找一个更大的壳来当自己的新家，而此时，它必须舍弃自己的旧房子，并暴露自己柔软的身躯去寻找新的贝壳。这样的探索是值得的，因为只有找到一个更大的壳，才会有真正的舒适和安全。我们人类也是一样，探索未知也是为了我们自己能够更好地发展与生活。

打开创造力的闸门

凯文·阿什顿在《创造》中说："创造的结果是无法完全预料的，作为创造者，不管结果如何，都要去积极应对。唯一不能做的就是停止创造。"

李开复和他的创新工场

在苹果公司6年、微软公司5年、谷歌公司4年，翻开李开复的履历，你不得不说它在全球IT界也是属于最拔尖的那一类，他总是在最恰当的时间进入技术潮流的最前沿。而创新，是李开复一直在不断强调的。

“我迫不及待地想要创业。”李开复在离开谷歌后毫无保留地说出心中的梦想。2009年，李开复以“创新”为旗帜，创办了创新工场，创新工场是一家风险投资企业，由李开复出任董事长兼首席执行官，以帮助中国青年成功创业，帮助中国打造一批新一代高科技公司为己任。工场计划预备培养110名左右的高科技公司精英，创新工场立足互联网、移动互联网和云计算，每年尝试20个新的创意，公司员工将通过“头脑风暴”的形式挑选20个值得尝试的创业创意，再从中挑出10个有潜力的创意促成开发项目，最后从中筛选出5个公司。新公司一旦成立，将脱离创新工场，另立门户，这样，创新工厂将会成为创意和创新的“孵化器”。

铁轨宽度的由来

铁路在我们的日常生活中扮演着举足轻重的角色，关于铁路有一个有趣的典故。

美国铁路两条铁轨之间的距离是4.85英尺，这么多年以来一直沿用这个标准。为什么是这个奇特的标准呢？原来最早美国的铁路是由英国人设计建造的，而英国的铁路是由建电车的人设计的，可最先造电车的人以前是造马车的，所以他们习惯性地把马车的轮宽搬到了电车上。然而，英国马车的轮宽之所以使用这个标准，是因为在古代英国，其老路的辙迹是这么宽，如果马车用其他轮距的话，轮轴就很容易损坏。

有趣的是，据查，英国老路的辙迹宽度是罗马战车形成的，而罗马战车的轮距是依两匹拉战车的马屁股宽度设计制造的。

我们由此得出一个惊人的结论：现代社会铁路铁轨的间距居然是由马屁股的宽度决定的。

可见，历史的惯性是多么巨大，它像一支无形的巨手，默默地却是强有力地影响着人们的思维和走向。

聪明馆员的“横财”

关于大英图书馆有这样一个传说：由于大英图书馆老馆年久失修，馆长决定在新的地方建造一个新的图书馆，经过一段时间的修建，新馆终于建成了，但是却面临着一个问题：要把老馆的书搬到新馆去。这本来是一个搬家公司的事，没什么好策划的，把书装上车、拉走、摆放到新馆即可。可问题是预算需要350万英镑，而图书馆没有那么多钱。该如何解决这个难题呢？

正当馆长苦恼的时候，一个聪明的图书馆工作人员看到愁眉苦脸的馆长，于是询问发生了什么事，死马当活马医的馆长就把这个情况跟馆员说了一下。

几天之后，馆员找到馆长，告诉馆长他有一个解决方案，不过仍然需要150万英镑。馆长十分高兴，因为图书馆有能力支付这些费用。

“快说出来！”馆长很着急。

馆员说：“好主意也是商品，我有一个附加条件。”

“什么条件？”像热锅上的蚂蚁一样的馆长此时也顾不了这么多了。

“如果我用我的方法解决了这个问题，钱还有剩余，那么到时候图书馆要把剩余的钱给我。”

“那有什么问题？350万我都认可了，150万以内剩余的钱给你，我马上就能做主！”馆长坚定地说。

“那咱们签个合同？”馆员喜上眉梢，赶紧说道。

合同签订了，不久就实施了馆员的搬家方案。花150万？连一半都没有用完，就把图书馆里的书给搬完了。

你知道馆员想出了什么主意吗？

原来，馆员以图书馆的名义在报纸上发出了一条惊人的消息：从即日起，大英图书馆免费、无限量向市民借阅图书，条件是从老馆借出，还到新馆……

很快，老馆的大部分图书被一借而空，而这位聪明的馆员提前将老馆里珍贵的图书用一部分钱请搬家公司搬到了新馆。这样，既保证了珍贵图书的安全，又节省了资金。最后，这位馆员还大发了一笔“横”财。

黑暗餐厅的神秘感

你尝试过在黑暗的环境中吃饭吗？相信很多人从来都没有过这样的体验。在巴黎蓬皮杜艺术中心广场对面的一条小街上，有一家小有名气的黑暗餐厅。餐厅的特色是里面一丝光亮都没有，它打出的广告语是“美食新体验”、“感官新经历”、“法国独此一家”，里面所有的顾客都在黑暗中用餐，而所有带着夜视镜的侍者则为顾客提供服务。

进入这家完全黑暗的餐厅后，每个用餐的顾客都被要求戴上一个巨大的围兜，以防止食物和饮料溅洒在衣服上。他们首先来到唯一有光亮的地方——位于餐厅中央的集体点餐柜前，在昏黄的灯光下点餐。点餐完毕后，顾客们便将手搭在戴着军用夜视镜的服务人员肩膀上，慢慢地踱步至大厅内，开始享受黑暗美食。餐厅只在打扫卫生时亮灯，而且从不对外开放。因为如果有外人知道餐厅里面的模样，那餐厅将丧失它的神秘感。黑暗餐厅只有安全方面的投入大于普通餐厅。为了确保安全，黑暗餐厅内设有全方位的红外线录像检测仪、独特的照明应急设备和更便捷的紧急出口，而且都经过了政府监管部门的严格审批。

黑暗餐厅建成以后，很多游客慕名而来。后来，全球各地都有类似的餐厅开业，也都引起了极大的轰动，而餐馆老板也都赚得盆满钵满。

悬崖背后的“商机”

日本是一个岛国，寸土寸金，可以说土地是最大的资源。日本最大的帐篷商、太阳工业公司董事长能村先生想在东京建一座新的销售大厦，扩大自己的规模。善于动脑筋的他想，在地价这么高的东京单独建一座大厦，不仅一时难以收回成本，而且大厦的每日消耗也是一笔不小的开支。怎样能做到既建了大厦，又可以借此开拓新的市场呢？

世上无难事，只怕有心人，能村先生便开始思考如何能双赢的方法，于是特别关注城市生活里的一些热点问题。当时，户外运动方兴未艾，而攀岩作为一个新兴运动，正在日本流行，且大有蓬勃发展之势，这令能村先生茅塞顿开：何不建一座能攀岩的建筑，满足那些都市年轻人的爱好？经过调查研究，能村先生邀请了几位建筑师反复研讨，决定把十层高的销售大厦的外墙加一点花样，建成一处悬崖绝壁，作为攀登悬崖的练习场。

半年后，一座植有许多花木青草的悬崖，便昂然矗立在东京市区内，仿佛一个多彩而意趣盎然的世外桃源。能村先生又立刻加大宣传，让这座奇妙的大厦成为大家注视的焦点。练习场开业那天，几千名喜爱攀岩的血气方刚的年轻人，兴高采烈地聚集在此处，纷纷借此过一把攀岩瘾。

这座大厦竣工以后，在东京市区内出现了从前在野外深山峻岭才能看到的风景，这一下子吸引了人们的目光，每日来此观光的市民不计其数。而一些外地的攀岩爱好者闻讯后，也不辞辛苦来到东京一显身手。接着，能村先生又恰到好处地把握了这种轰动效应，在公司的隔壁开了一家专营登山用品的商店。很快，该店便因货品齐全，占据了登山用品市场的榜首地位。

“在别人想不到的地方赚钱”，这是能村先生的经营之道，而他也正是在这一理念的引导下，解放了自己的思维，勇于创新，把大楼的外墙建成都市里的悬崖，从而赚了大钱。

因地制宜的商机

有位大学生回故乡农村创业，故乡山清水秀，自然资源极佳。于是这位大学生动员了自己全家的力量，开了一家农家乐旅店。由于诚信经营，服务周到，来旅游的不少旅客都选择在他们家的旅店休息。不过由于店面有限，农家乐的发展遭遇到了瓶颈。如果你是这位大学生，你有什么主意，因地制宜地把旅馆做大做强呢？

哈佛创新思考术

我们只能保持来我们这家农家乐的人数始终维持在一个水平线上才能盈利。但是旅游景点很难吸引回头客，一般远途的旅客大多只会去一个地方旅游一次，于是我们只能从邻近我们农家乐的城镇上吸引客源了。那么，如何从数量众多的农家乐旅店中脱颖而出呢？显然我们可以另辟蹊径。

首先，我们可以开辟几块专门的田地，然后备上丰富的植物种子和树苗。通过宣传途径“广而告之”：来此住宿的旅行者，本店免费提供种子和工具，让旅客自己种自己想种的蔬菜，日常护理则由店家管理。登记电话以后，成熟的时候店家会通知这些会员，欢迎这些会员回来品尝；本店也可以提供上门送货服务，而您只需要支付一定的运费。想在景区种一棵“夫妻树”？也可以，本店也会替你悉心照料，让茁壮的树苗见证你们的爱情。

这样的促销方式，不仅利用了这位大学生手里的资源——田地，还吸引了不少愿意享受“绿色健康”食品的客人以及热恋中的男女。回头客一多，生意自然就兴旺发达了。

如何让分发传单更高效

通过分发传单来扩大自己的影响力，是如今很多企业采取的营销方式。但是分发传单，效果不一定好，因为很多行人从心底里厌恶这种发小广告的行为，要么就是不接传单，要么接到传单以后就直接扔掉，厂家和企业不仅没有得到想要的宣传效果，还造成极大的资源浪费。

如果你是一家准备发放传单的企业，你会如何设计这张传单呢？

哈佛创新思考术

分发传单，貌似简单，其实里面有不少学问。一位行人过目一张传单，也就几秒钟的时间，扔掉还是保存，就在这么一瞬间。其实，一张传单上能够醒目地告诉阅读者，这是一个什么企业的宣传单就够了，我们的基本目的也就达到了。如果你想阅读者更加仔细地阅读这个传单，那么这个传单必须有它存在的价值。

如果你去过鸟巢，你会发现这里分发的宣传单特别高效。由于鸟巢是进京游客必去的景点之一，很多旅游公司喜欢在这里雇人分发传单，你可以看到，很少有乘客扔掉这些传单的。

其中的奥秘有两点：第一，分发传单的地点直接在景区，和传单内容——旅游公司，紧紧相关。第二，传单背面印有北京的交通线路图，对来京不熟悉的旅客来说，这起到了很大的帮助作用，这份传单不再是一个小广告，而是一个方便旅客的线路图，于是旅客收下这张传单也是合乎情理的事了。

分拣核桃的秘诀

在一个叫摩扎特的村庄，大部分村民都靠着当地盛产的核桃为生。每到秋天，漫山遍野的核桃给村民们带来了丰厚的财富。此时，村民们也就忙了起来。

村民们忙起来像是和时间赛跑，因为谁的核桃先上市谁就会卖一个好价钱，正所谓“物以稀为贵”。

人们都争先恐后地采集核桃，采完之后，迅速返回家中，将采回来的核桃按大小、好坏分成不同的等级，再分装好，马不停蹄地沿着乡村公路运到市集上去卖。

就这样，时间一天一天过去了，可是许多人都发现一个百思不得其解的问题：村里拿第一的永远是艾迪，任何人都无法超越他，人们不管怎么努力都只能做第二。而且做第二的人拿着核桃去卖的路上就可以看见艾迪推着空车从集市上回来了。

十几年下来都是如此。人们感到十分困惑：“他一定是有什么捷径可寻，要不然为什么总能这样遥遥领先呢？”村民们思考了很久，终于想出了一个揭开谜底的办法。

有一天，他们热情地邀请艾迪去餐馆吃饭，说是为了庆祝一个人的生日，艾迪不知是陷阱，欣然前往。

席间，几个村民频频给艾迪敬酒，其中一个对他说：“艾迪，你知道吗？我一直都很佩服你，每次赶集你总是拿第一，我一定要敬你一杯。”

刚喝完，另一个接着又说：“艾迪，难得我今天过生日，你从百忙之中抽出时间来为我庆祝，我一定要敬你一杯。”

很快，艾迪就感到头晕脑涨了，但还是大方地跟几个村民开怀畅饮。村民们见时机已到，就开始试探他每次都拿第一的秘诀。

艾迪闭着眼，笑呵呵地说：“我哪有什么秘诀啊！只不过是我不用花时间去分我的核桃，你们在分的时候，我就已经上路了，等你们分好时，我就开始在集市卖了啊！”

村民更纳闷了：“为什么你不用分类，那样不是更亏吗？”

艾迪笑着回答：“我在山上摘完之后，就尽挑坎坷不平的路走，这样一路颠簸下来，小核桃自然就到了下面，而大核桃就在上面，也很自然就分好了，我就不用花时间分了嘛！”

众村民面面相觑，不再说话。

艾迪选择走一条崎岖不平的路，让自己轻而易举地就能遥遥领先。

哈佛创新思考术

原来艾迪与众不同，他根本不做分拣核桃的工作，而是直接把核桃装进麻袋里运上卡车，然后开车走一般人家不爱走的颠簸不平的山路，几公里路程下来，因为车子的不断颠簸，小的核桃自然就落在麻袋的最底部，而大的自然留在了上面。卖核桃的时候很容易按大小分开。

由于节省了时间，艾迪的核桃自然最先上市，价钱自然也就卖得很理想了。

帮养驴子的秘密

清代人称“棋圣”的范西屏，有一年向朋友借了一头小毛驴去扬州探亲，长途跋涉来到江边，船老板却不让他的毛驴上船，因为船老板坚持他的这艘船只载人，不载动物，免得污秽。

范西屏不能上船，又不能把朋友的毛驴给丢了。该怎么办呢？他牵着毛驴在街上边溜达，边思考主意。

忽然，他看到一个商店前面站满了人，商店老板正和一个年轻人在下着围棋，年轻人的棋子全被老板给封住了，正在苦思怎么杀出重围。

这里只见范西屏将毛驴拴在旁边的柱子上，挤入几个观棋的人之中。过了一会儿，他忍不住为年轻人出主意，说的却是一些外行话，让围观的人给嘘了回去，接着他又批评店主的棋下的不对，这下可把店主给惹火了，店主大声说："你认为你很内行是吧！咱俩就下一盘，不要在一旁穷嚷嚷。"范西屏说："好啊！咱俩就下一盘，如果我赢了，你就得给我赔礼道歉，如果你赢了，我就把我的毛驴给你。"

结果一局棋下来，范西屏输得极惨，店主开怀大笑。

范西屏显得很不情愿地让店主把毛驴牵走了，并且说："我因为有事在身，没尽全力，所以输得不服气，一个月后我带些钱来找你，一定赢回这头驴子。"

店主心想棋艺这个东西，岂是两个月就能提高的？你这三脚猫的功夫，下多少盘棋我也能赢。于是满口答应，相约一个月后再见。

亲爱的读者，你可知道范西屏壶里卖的是什么药吗？

哈佛创新思考术

一个月后，范西屏如约赶到这个小商店，商店老板一见财神爷又到了，笑眯眯地说："你又来了？不服气？再来！"

没想到棋局一开始，店主就发现对方仿佛变了一个人似的，自己的心思似乎完全被对方洞穿了，才没下多久，店主就败下阵来，一言不发地愣在那儿。

这时只见范西屏牵过拴在一旁的毛驴，摸了摸吃了一个月上好粮草、肥壮的驴肚皮，一跨就骑了上去。

店主赶了上去说道："敢问先生尊姓大名？"

"在下范西屏。"说完仰天大笑，吆喝着毛驴扬长而去。

店主这才知道自己为棋圣白白养了一个月驴子。

原来"棋圣"第一次和店主对弈时，如果他说一旦店主输了，就要店主代养一个月的驴子，对方可能就不会给驴子上好的粮草吃。他利用了赌徒在赌上的贪，轻易地就让对方为他好好地养了一个月驴子。

齐白石：一生五易画风

齐白石，湖南湘潭人，20世纪十大画家之一，世界文化名人。

他出身贫寒，本是个木匠，靠着自学，成为一代大师，在他的笔下，大凡花鸟虫鱼、山水、人物无一不精，无一不新，为现代中国绘画史创造了一个质朴清新的艺术世界。

西班牙艺术大师毕加索曾说，“我不敢去你们中国，因为中国有个齐白石”，“他是东方一位了不起的画家”。

齐白石是我们崇敬的大师，然而，面对已经取得的成功，他永不满足，而是不断汲取历代名家的长处，勇于创新，不断改变自己的作品风格。

他60岁以后的画，明显地不同于60岁以前。70岁以后，他的画风又变了一次。80岁以后，他的画风再度变化。

据说，齐白石的一生，曾五易画风；正因为齐白石老人在成功后仍然马不停蹄，所以他晚年的作品比早期的作品更为成熟，形成独特的流派与风格。

蒂芙尼：缔造“稀缺效应”

蒂芙尼（Tiffany）自1837年成立以来，一直将设计富有惊世之美的原创作品视为宗旨。事实也证明，Tiffany珠宝能将恋人的心声娓娓道来，而其独创的银器、文具和餐具更是令人心驰神往。而这个品牌的缔造者——查尔斯·蒂芙尼，他的发迹过程可谓是传奇。

在他年轻的时候，无意中得知了一个小道消息：美国穿越大西洋底的一根电报电缆因破损需要更换。这个消息在传播中并没有引起任何轰动，是啊，这和大家的生活有什么关系呢？但查尔斯悄然买下了这根报废的电缆。

没有人知道他的企图，他一定是疯了，或者是钱多得没处花了。他呢？关起店门，将那根电缆洗净、弄直，剪成一小段一小段的，然后装饰起来，作为纪念品出售。大西洋底的电缆纪念品，还有比这更有价值的纪念品吗？

就这样他轻松地发迹了，随后，他又倾全部财力买下了欧仁皇后的一枚钻石。淡黄色的钻石闪烁着稀世的光彩，人们不禁要问：他会自己珍藏，还是会抬出更高的价位转手？其实那是后话。他有条不紊地筹备了一个首饰展览会，皇后的钻石当然是展览的核心。可想而知，梦想一睹皇后钻石风采的参观者会从世界各地蜂拥而来。他几乎坐享其成，毫不费力地就赚了大笔的钱财。

维纳：每道题多想一些解法

美国数学家、哈佛大学教授维纳小时候解题从来不满足于一种解法。

维纳3岁时就开始学习数学，7岁时开始深入地研究数学问题。高中时，他碰上了一个平庸的数学老师。有一天，这位老师在发试卷时，先发自认为是好学生的试卷，然后发中等的，最后才发自认为是成绩最差的学生试卷。发到最后一个，他声色俱厉地喊道：“维纳！你为什么错了这么多？”

原来是维纳用自己创造的“直接法”来解题，和书本上的方法不一样，就为这件事，数学老师批评了他好长一段时间。

“老师，我这么做其实是有理由的！”维纳不服气地说。

面对老师的指责他理直气壮地走上讲台，将自己创造的解题方法写在黑板上分析，同学们都认为他的解题方法也对，那位老师也没有办法，只好让他下去。

在以后的数学研究中，维纳始终坚持每道题多想一些解法。正是因为维纳坚持多年来创造性地学习，多想一些解法，使得他日后成为著名的数学家。

麦当劳兄弟：在“冒尖”和“出奇”上制胜

20世纪20年代，这对“不安分”的麦当劳兄弟毅然告别乡村老家，勇闯美国著名影城好莱坞。

1937年，历经多次挫折的兄弟二人，抱着永不服输的念头，借钱开办了全美第一家“汽车餐厅”，由餐厅服务员直接把三明治和饮料等送到车上。也就是说，麦当劳兄弟二人最初办的是路边餐馆，定位于服务到车、方便乘客的经营方式。

由于形式独特，用餐方便，餐厅很快就一炮打响，一时间他们的“汽车餐厅”在当地独领风骚。后来人们纷纷效仿，办“汽车餐厅”的人日益增多，麦当劳兄弟的生意大不如初，而且每况愈下。

在激烈的竞争面前，麦当劳兄弟没有丝毫的退缩、沮丧和消沉，而是继续冥思苦想着再一次勇敢超越自己的良策。他们摒弃了原有的“汽车餐厅”的服务理念，转而在“快”字上大做文章，打出了“想吃花哨和高档的请到别处去，想吃简单实惠和快捷的请到我这儿来”的全新经营理念，吸引了成千上万的顾客蜂拥而至，从而一举获胜。

但是兄弟二人并没有满足于现状，而是继续敢想敢干，敢在“冒尖”和“出奇”上制胜。比如后来陆续推出使用小纸盘、纸袋等一次性餐具，进行厨房自动化的革命等一系列措施来不断迎接新的挑战。

扎克伯格：建立社交平台Facebook

马克·扎克伯格，美国社交网站Facebook的创办人，被人们冠以“盖茨第二”的美誉。他是哈佛大学计算机和心理学专业的辍学生。据《福布斯》杂志保守估计，马克·扎克伯格拥有15亿美元身家，也是历来全球最年轻的自行创业成功的亿万富豪。

在群雄逐鹿的互联网时代，他一个普通的大学生，为什么能够在无数创业者中脱颖而出？

在别人还在沿着老路进行创业的时候，2004年2月，还在哈佛大学主修计算机和心理学的他突发奇想，要建立一个网站作为哈佛大学学生交流的平台。

只用了大概一个星期的时间，他就建立起了这个名为Facebook的网站。

意想不到的是，网站刚一开通就大为轰动，几个星期之内，哈佛一半以上的大学部学生都登记加入会员，主动提供他们最私密的个人数据，如姓名、住址、兴趣爱好和照片等。学生们利用这个免费平台掌握朋友的最新动态、和朋友聊天、搜寻新朋友。

很快，该网站就扩展到美国主要的大学校园，包括加拿大在内的整个北美地区的年轻人都对这个网站饶有兴趣，如今更是风靡全球。

Harvard

第九章

哈佛机遇思考术

机不可失，时不再来

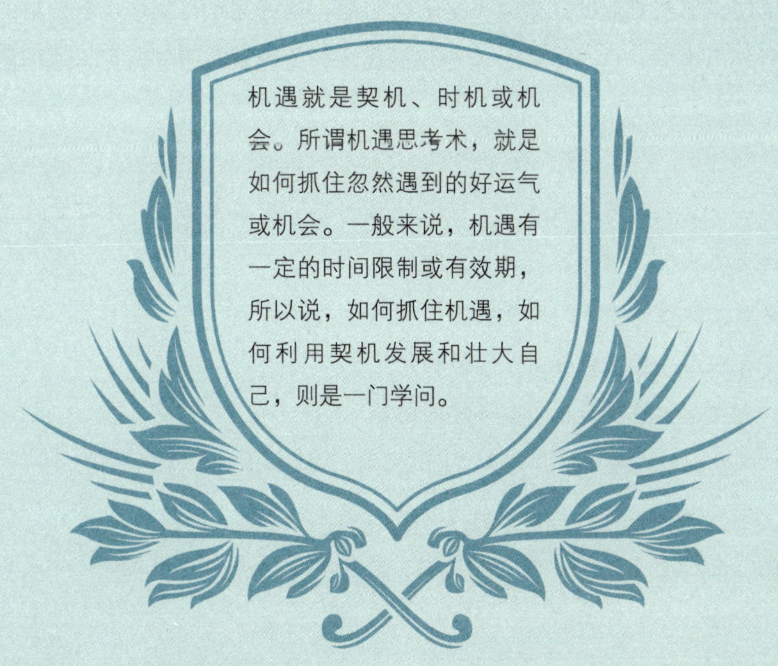

机遇是一个特别会伪装的家伙，他从不会高喊：“我来了！”它也许还会趁你打瞌睡时从你身边溜过！你需要做的是时时刻刻做好准备，并擦亮眼睛去观察。

生活中，总有那么一些人常常哀叹命运的不公，说上天没有赋予自己良好的发展机遇。

其实不然，上天对待每一个人都是公平的，在给予别人机遇的同时，也给予你同样的机遇。

也许，那些机遇的到来并不是那么明朗，也许完全是在你没有预料的情况下意外出现的，这个时候，能否获得成功，关键就在于你捕捉机遇的能力了。

有一个创业的年轻人在遭受了几次挫折后，有点灰心了，很茫然地倚靠在一块大石头上，懒洋洋地晒着太阳。

这时，从远处走来一个怪物。

“年轻人，你在做什么？”怪物问。

“我在这里等待时机。”年轻人回答。

“等待时机？哈哈……时机是什么样的，你知道吗？”怪物问。

“不知道。不过，听说时机是个神奇的东西，它只要来到你身边，你就会走运，或者当上了官，或者发了财，或者娶个漂亮老婆，或者……反正，美极了！”

“嗨！你连时机什么样都不知道，还等什么时机？还是跟着我走吧，让我带着你去做几件于你有益的事！”怪物说着就要来拉年轻人。

“去去去，少来这一套！我才不会跟你走呢！”年轻人不耐烦地说。

于是，怪物叹息着离去。

一会儿，一位长髯老人(我们常说的时间老人)来到年轻人面前问：“你抓住它了吗？”

“抓住它？它是什么东西？”年轻人问。

“它就是时机呀！”

“天哪！我把它放走了！”年轻人后悔不已，急忙站起身来呼喊时机，希望它能返回来。

“别喊了。”长髯老人接着又说，“我来告诉你关于时机的秘密吧。它是一个不可捉摸的家伙，你专心等它时，它可能迟迟不来，你不留心时，它可能就来到你面前；见不着它时你时时想它，见着了它，你又认不出它；如果它从你面前走过时你抓不住它，那么它将永不回头，你也就永远错过了它！”

机遇就是契机、时机或机会。所谓机遇思考术，就是如何抓住忽然遇到的好运气或机会。一般来说，机遇有一定的时间限制或有效期，时间过后，就再也得不到了。所以说，如何抓住机遇，如何利用这个契机发展自己，壮大自己，则是一门学问。

当在未知的领域进行有步骤地研究、探索时，意料之外的新发现可以作为创新的有利因素。

人们在一定的理论或思想指导下，自觉地去观察、记录和实验以验证某些自然现象和科学现象时，由于这种探索带有一定的不确定性，就自然会出现与预想不一致的新现象、新启示。

在日常生活中，仅就捕捉机遇而言，除了要有准备的头脑、敏锐的目光、仔细的观察以外，还要养成认真检查机遇所提供的每一条线索的习惯。机遇提供给你的信息有明显的，也有隐蔽的；有“草蛇灰线，伏笔千里”的，也有刹那间就消失得无影无踪的。如果我们能抓住一次机遇，说不定就能彻底改变一生。

其实，每天都有“天上掉馅饼”的事发生，只是很多人没有发现，或者是发现了没有实力去把握这次机会。在机遇来到之前，我们需要沉淀，需要厚积薄发，这样，当机遇从我们身旁掠过的时候，我们才能一把抓住它。

培根说过：“机会老人先给你送上他的头发，当你没有抓住再后悔时，就只能摸到他的秃头了。”每个人都有好运降临的时候，只看他能不能抓住了。若他不及时注意，或者随意地抛开机遇，那并非机会或命运在捉弄他，只能归咎于他自己的疏懒和准备不充分。人的一生中不论干什么，都要把握适当的分寸和尺度，所谓“该出手时就出手”。

没有机会只是缺乏理想之人的托词，缺少机会也不过是懒惰之人的借口。机会存在于你每天的吃饭、走路、工作甚至睡眠中。

许多人无法成功，多半不是机会没有到来，而是因为在等待的过程中没有看见机会，在机会到来时，没有及时伸手去抓住它。

剑桥大学的一位教授曾讲过一个小故事：他在参观画展时看到一个雕像，它的脸被长发遮盖，腿上长了翅膀，教授好奇地问雕塑家那是什么，雕塑家告诉他，这雕像叫机遇之神。因为当他走近人们的时候，很少有人能看清他的真面目，而他之所以腿上长了翅膀，那是因为他消失得非常快，一旦离去就很难再追上。教授恍然大悟。

无论何时何地，只要你懂得留意，善于观察，机会面纱就有可能被你撩起。生命很快就会消逝，一个时机从不会出现两次，当它出现时，你必须当机立断，不然就会永远与之无缘。

机遇虽然稍纵即逝，但那些果敢，当机立断的人，他们仍能抓住机遇，是因为他们在机遇面前没有犹豫。所以，当机遇来临时，请不要患得患失，而应该果断地抓住它。

机不可失，时不再来

机会永远都属于有准备的人。培根说："机会老人先给你送上他的头发，当你没有抓住再后悔时，就只能摸到他的秃头了。"

“王致和”豆腐的来历

清朝康熙年间，安徽举人王致和进京赶考，屡试不中，为谋生路，在北京前门外延寿街开了一家豆腐坊。一年夏天，王致和急等着用钱，就让全家人拼命地多做豆腐。说也不巧，做得最多的那天，来买的人却最少。大热的天，眼看着豆腐就要馊了。

王致和非常心疼，急得如同热锅上的蚂蚁一般，忽然他想到了盐，放点盐是不是能让豆腐保存得久一些呢？他怀着侥幸的心理，端出盐罐，往所有的豆腐上都撒了一些盐，为了消除馊味，还撒上一些花椒粉之类，然后把它们放入后堂。

过了几天，店堂里飘逸出一股异样的气味，全家人都很奇怪。还是王致和机灵，他一下子就想到了发霉的豆腐，赶快到后堂一看：呀，白白的豆腐全变成一块块青方！他信手拿起一块，放到嘴里一尝：哎呀，我做了一辈子豆腐，还从来没有尝过这种美味！

王致和喜出望外，立刻发动全家人，把全部青方搬出店外摆摊叫卖。摊头还挂起了幌子，上书：“臭中有奇香的青方”。

当时的老百姓从未见过这种豆腐，有的出于好奇之心买了几块回去；有的尝过之后，虽感臭气不雅，但觉味道尚佳。结果一传十，十传百，不到一上午，几屉臭豆腐就售卖一空。

如今，“王致和”品牌被不断发扬光大，成为老百姓爱吃的日常食品之一。

安全汽车玻璃的意外发现

随着经济的发展，汽车已经走进了千家万户，汽车安全也日益受到重视。现在的汽车玻璃，就算受到撞击，也不会碎成一地，这极大地保护了乘坐人的安全。而这都要归功于一次意外的发现。

法国一家化学研究所有位高级研究员名叫别涅迪克。一次，在实验室里，他准备将一种溶液倒入烧瓶，一不小心把烧瓶掉到了地上，然而，奇怪的是烧瓶并没有破碎，于是他弯下腰捡起烧瓶仔细观察，这只烧瓶和其他烧瓶一样普通，以前也曾有烧瓶掉在地上，但无一例外全都成了碎片，为什么这只烧瓶仅有几道裂痕而没有破碎呢？只见那只烧瓶的瓶壁有一层薄薄的透明的膜。

他用刀片小心地取下一点进行化验，结果表明，这只烧瓶盛过一种叫硝酸纤维素的化学溶液，那层薄薄的膜就是这种溶液蒸发后残留下来的，别涅迪克猜测可能是这种化学溶液遇空气后产生了反应，从而牢牢地粘贴在瓶壁上起到了保护作用。而且，这种薄膜无色透明，所以一点儿也不影响视觉。

不久后的一天，他看到一张报纸上报道说市区有两辆客车相撞，车上的多数乘客被挡风玻璃的碎片划伤，其中一辆车的司机还被一块碎玻璃刺伤了头部。他一下子想到了那只裂而不碎的烧瓶："如果这种溶液用到汽车玻璃的生产中，那么以后再发生类似的交通事故，玻璃也不会全部破碎开来，乘客的生命安全系数不是就更有保障了吗？"

他没有犹豫，立刻和玻璃生产厂商开始联系，共同开始技术攻关。后来他因为这个小小的发现而荣登20世纪法国科学界突出贡献奖的榜首。

抓住机遇，一切皆有可能

小杨高考落榜后，就跟随在北京某酒店当保安的表哥来到了北京。可是他发现，像他这样没文凭、没技术的外来打工者在北京找工作很难。

就在他准备离开北京时，机会却来了。有一天在市内闲逛，他看到一位老人把一盆花扔进了垃圾桶里。"好好的花为什么要扔掉呢？"他走过去问。老人无奈地说："养久了，花盆中的泥土越来越少，只能扔啊！""那您为什么不放点泥土进去呢？""城里哪儿还能轻易找到泥土！得跑到郊区才有呀。”小杨说：“您这花扔了多可惜，我住的地方有泥土，我给你送点泥土来。”老人听了很是欣喜，忙说：“真的？”

第二天早上，那位老人果然在原处等小杨。见他真带去了泥土，连声道谢，并且付给了他15块钱。

北京的泥土竟这样值钱！小杨仿佛看到了美好的未来。于是，每天一大早他就装上一大袋泥土，到大街上或居民小区里叫卖。但几天以后，他失望了：根本没有一个买主。他想了好几天，终于弄懂了一件事：只有养花的人才会买泥土，而他们一般都把花放在阳台上，如果先在楼下观察谁家的阳台上摆了花，再向这户人家推销泥土，不就省劲了吗？有了这个主意他又提着泥土出发了。

还别说，通过这次推销小杨真挣了20元钱，他一边为自己的创意感到欣喜，一边也感慨万千，毕竟20元钱实在太少了。

问题到底出在了哪里？为此，他特意询问了一个以前买过他泥土的老人。老人说：“小伙子，你卖给我们的泥土里没有什么养分，时间一长，花就又枯萎了。你说大家还会买吗？”他这才明白泥土里还有学问呢。

找到问题的所在后，他立刻就去书店买了一些相关的书籍学习。他这才知道，原来花盆里的土是要加一定比例的肥料的。看了好几天，他慢慢摸索出用肥的门道了。之后，他特地买了一些包装纸将泥土包装好，注明“高肥花盆土”的字样，然后再去兜售。这样一来，他所卖泥土的价格相对于以前提高了几倍，买泥土的人却比以前多了很多。到了月底，除去肥料、生活费等一切开支，他净挣了三千多块钱。

三个月后，小杨接到的订单又多了起来，有时候一天能挣五百多元。为了进一步扩大业务和稳住顾客，他就租了一间民房作为自己卖泥土的基地，并在泥土的配方上下足了工夫。他先后推出了甲类、甲类A级花盆土等多种品种，分别标明富含钾、磷、氮等元素，适用于种植月季、菊花等不同的花卉。他还聘请了一位农科院的技师做顾问，为养花人解决实际问题。后来，他一个人忙不过来，就雇了一名员工，表哥也过来帮他的忙。

有一天，他表哥告诉小杨，他当保安时所在的那家酒店要在大门口和大厅里摆很多花，可能需要一大批花盆土。他听了眼睛一亮：自己以前只知道把花盆土卖给居民，从来就没有想到过卖给一些单位。如果能把泥土推销给单位的话，一次卖出的花盆土就是一大批，这样不是更赚钱吗？于是，他立即和表哥一起去洽谈这项业务。因为人很熟，生意一谈即成。事后一算，仅这一笔业务，他就挣了三千多块。

这件事对小杨的触动很大，他决定把大部分的精力转向一些大单位，把普通居民这一块交给表哥操作。这样一来，他的营业额比以前增长了许多倍。有一次，一家大型国有企业一次性在他那里买了三万多元的花盆土，他除掉成本开支足足挣了一万元。

奥地利作家茨威格曾说："伟大的事业降临到渺小人物的身上，仅仅是短暂的瞬间。谁错过了这一瞬间，谁就失去了机会。因为机会绝不会再恩赐第二遍。"一个明智的人总是能抓住最不起眼的机遇，把它变成美好的未来，而那些坐等机会降临的人，只能摸到机遇老人的秃头。

赞助节目，取得意外宣传效果

江苏台的某综艺节目，在2010年可谓是家喻户晓，它充满着话题性与争议性，无论喜好或是厌恶，收看和讨论它的人越来越多。而作为这个火遍大江南北的节目的赞助商——步步高品牌，也得到了进一步的宣传。

其实，对步步高来说，赞助这个综艺节目，并取得如此好的宣传效果，更像是一个意外。原来，这中间还有一个故事：在2009年9月，江苏卫视陆续有不少客户提出了"专案"要求，希望为自己量身打造一个节目进行赞助。经过一系列谈判，多数小客户的要求被搁置了，剩下联合利华与另一家饮料企业。

前者在江苏卫视每年的广告投放额超过1亿元，足以享受"专案"待遇。当时，联合利华的要求是，搞一档"男女混搭"、带有音乐元素的节目。于是《非诚勿扰》的前身应运而生。若无意外，这一节目原计划于2010年的5至8月播出。

而2010年1至4月，江苏卫视则安排了另一档节目，由另外一家公司赞助。不过，就在这档节目开播前的20多天，这家公司由于某种原因，被取消了赞助资格。江苏卫视只能紧急更换节目，决定将为联合利华“定做”的节目略作修改，并取名《非诚勿扰》紧急上马。

但由于联合利华是外资企业，每年的广告预算都是在前一年制定，严格控制，已不能再改。这点与国内企业大不一样，国内企业更加灵活，随时可以改变广告预算。而积极赞助各大综艺节目的步步高，马上和江苏卫视达成协议，“仗义”出手，签下了《非诚勿扰》第一季度的冠名赞助合约。

这样，这个原本为联合利华量身定制的节目，最终却被步步高收入囊中，并且一炮走红，取得了令人惊讶的收视率。

科学家的意外收获

亨利·贝克勒尔得到一种学名叫硫酸钾铀的荧光物质铀盐，想研究一下一年前伦琴发现的X射线到底与荧光有没有关系。要弄清这个问题，方法其实并不难。只要把荧光物质放在一块用黑纸包起来的照相底片上面，让它们接受太阳光的照射，由于太阳光是不能穿透黑纸的，因此太阳光本身是不会使黑纸里面的照相底片感光的。如果这种荧光物质由于太阳光的激发而产生的荧光中含有的X射线，那么X射线就会穿透黑纸而使照相底片感光。

于是，贝克勒尔进行了这个实验，结果照相底片真的感光了。因此，他满以为在荧光中含有X射线。他又让这种现象中的“X射线”穿过铝箔和铜箔，这样，似乎就更加证明了X射线的存在。因为当时除了X射线之外，人们还不知道有别的射线能穿过这些东西。

有一天，正好是阴天，这就使贝克勒尔无法再做实验。他只好把那块已经准备好的硫酸钾铀和用黑纸包裹着的照相底片一同放进暗橱，无意中还将一把钥匙搁在了上面。几天之后，当他取出一张照相底片，企图检查底片是否漏光。冲洗的结果，却意外地发现，底片强烈地感光了，在底片上出现了硫酸钾铀很黑的痕迹，还留有钥匙的影子。可这次照相底片并没有离开过暗橱，没有外来光线；硫酸钾铀未曾受到光线照射，也谈不上荧光，更谈不上含有什么X射线了。

那么，是什么东西使照相底片感光的呢？照相底片是同硫酸钾铀放在一起的，只能推测这一定是硫酸钾铀本身的性质造成的。

这种神秘的射线，似乎是在无限地进行着，强度不见衰减。发出X射线还需要阴极射线管和高压电源，而铀盐无需任何外界作用却能永久地放射着一种神秘的射线。

贝克勒尔虽然没有完成他预想的试验，却意外地发现了一种新的射线。后来，人们把物质这种自发放出射线的性质叫做放射性，把有放射性的物质叫做放射性物质。这就是闻名世界的关于天然放射性的发现。

机会属于敢于行动的人

有个人一天晚上碰到一个神仙，这个神仙告诉他说，有大事将要发生在他身上，他有机会得到很多的财富，在社会上获得卓越的地位，并且娶到一个漂亮的妻子。

这个人终其一生都在等待这个奇迹的出现，可是什么事也没有发生。

这个人穷困地度过了他的一生，最后孤独地老死了。

死后，他又看到了那个神仙，他对神仙说："你说过要给我财富、很高的社会地位和漂亮的妻子，我等了一辈子，却什么也没有。"

神仙回答他："我没说过那种话，我只承诺过要给你机会得到财富、受人尊重的社会地位和一个漂亮的妻子，可是你却让这些从你身边溜走了。"

这个人迷惑了："我不明白你的意思。"

神仙回答道："你记得你曾经有一次想到一个好点子，可是因为害怕失败而没敢去尝试吗？”这个人点了点头。

神仙继续说：“因为你没有去行动，这个点子几年后被另外一个人想到了，那个人勇敢地去做了。你可能记得那个人，他后来变成全国最有钱的人。还有，你应该还记得，有一次城里发生了大地震，城里大半的房子都毁了，好几千人被困在倒塌的房子里，你有机会去帮忙拯救那些存活的人，可是你却怕小偷会趁你不在家的时候到你家里去打劫，你以这作为借口，故意忽视那些需要你帮助的人，而只是守着自己的房子。”

这个人不好意思地点了点头。

神仙说：“那是你去拯救几百个人的好机会，而那个机会可以使你在城里得到多大的荣耀啊！”

神仙继续说：“你记不记得有一个头发乌黑的漂亮女子……那个你曾经非常强烈地被吸引、你从来不曾这么喜欢过、之后也没有再碰到过像她这么好的女人，可是你想她不可能会喜欢你，更不可能会答应跟你结婚，你因为害怕被拒绝，就让她从你身旁溜走了。”

这个人又点点头，可是这次他流下了眼泪。

神仙说：“我的朋友啊！就是她！她本应是你的妻子，你们会有好几个漂亮的小孩儿，而且跟她在一起，你的人生将会有许许多多的快乐。”

iPhone的商业机遇

在不少注意时尚和潮流的年轻人心目中，拥有苹果公司的产品是值得炫耀和高兴的事，但是很少有人发现苹果公司的iPod Touch和iPhone基本功能一样，前者仅仅比后者少了一个收发短信和拨打电话的功能。就算注意到这个差别的人，也只会说：一分钱一分货，iPhone比iPod Touch贵多少啊！

哈佛机遇思考术

能不能给iPod Touch加上电话和短信功能呢？以前从来没人这么想过，也没人意识到，这是多么好的一个商业机遇。“苹果皮520”由中国信阳的潘泳和潘磊两兄弟发明，这对20多岁的年轻人和他们的5人开发小组已经花费了1年多的时间及10万多元的积蓄。该产品的外形类似iPhone的保护套，由于内置背扣式通信模块，拥有SIM卡插槽和相关配件，这个“皮”可以把看视频、听音乐的iPod Touch变成iPhone使用，而且售价低廉，并且拥有较长的待机时间和通话时间，虽然有可能引起版权纠纷和法律问题，但是业内人士和消费者对这两兄弟抓住机遇的能力赞不绝口。

土掉渣烧饼的由来

由于地缘差异，南方人和北方人的饮食大不一样。北方人吃不惯辣，而南方人吃不惯甜。很多南方小吃进军北方大城市，都很难迎合北方消费者的胃口，第一是口味不大相同，第二是小吃的制作工艺，大部分不是特别卫生，在讲究健康饮食的大城市很难得到推广。很多人于是放弃了这种想法，但是有人却发现了其中的机遇，你看出来了吗？

哈佛机遇思考术

正因为北方市场规模庞大，而且很多南方口味的小吃没有站稳脚跟，这正是一个巨大的商机，然而很多人对这个机遇要么视而不见听而不闻，要么知难而退。在湖北恩施，具有土家族风味的烧饼是当地的一大特色。但是，由于制作工艺简陋，它的传播极其有限。有一位土家族女大学生意识到了这个商机。通过和精通厨艺的家人研究，他们改进了制作工艺，使烧饼制作工程变得简单、卫生。而且针对北方食客的口味，让烧饼吃起来更加蓬松和有口感。

没过多久，“土掉渣烧饼”一炮打响，闻名全国，而这位大学生也获得了可观的收入。

创造机会卖出珍珠

哥哥和弟弟各自从海里采摘到了一颗美丽的珍珠。他俩商量好由哥哥拿着这两颗珍珠到邻国去，想在那里卖个好价钱。可哥哥到了邻国后，无论是皇后还是村妇，都没有一个人正眼瞧那两颗珍珠一眼，更别说有人买了。

哥哥只好沮丧地带着珍珠回来了。

弟弟决定自己带着珍珠再去一次邻国。没过几天，弟弟便带着大把钞票回家了。

“你是怎么把珍珠卖掉的？”哥哥吃惊地问。

“很简单，我抓住了一个最佳时机。”弟弟回答道。

原来，弟弟到了邻国，两颗珍珠依然无人问津。经了解，才知道邻国是一个崇尚俭朴的国家。上至皇后，下到平民百姓，都节俭度日。弟弟因此也甚是失望。

就在弟弟决定无功而返时，却突然得知第二天是皇后的六十大寿，即将举国同庆。于是，弟弟灵机一动，决定抓住这个机会再努力一次。

第二天，弟弟带着两颗珍珠来到了皇宫，对国王说：“我知道你们举国崇尚俭朴，连皇后也不例外。国王今天何不趁皇后的生日买下这两颗珍珠作为礼物来送给她，以表彰皇后的俭朴风范呢？”

国王一听，觉得很有道理，就把这两颗珍珠买下了。

哈佛机遇思考术

同样的机遇，有人什么也得不到，有人却能从中挖掘一笔很大的财富，分析其原因，就在于看双方是如何巧妙地利用眼前的机遇，让它得到最大限度的升值。错过了机遇是可惜的，不善于利用机遇同样让人惋惜。面对机遇，我们不能犹豫，一旦犹豫，机遇就会弃你而去。而且，一旦决定了的事情就不能放弃，要有坚定不移的信念。

诸葛亮：韬光养晦待明主

说起三国第一智者，大家都会想起诸葛亮。诸葛亮，字孔明，是三国时期蜀汉著名的政治家、军事家。诸葛亮少有大志，常把自己比做春秋时大政治家管仲和军事家乐毅。因此，他隐居隆中，边种地，边修学，静观天下，待机而出，人称“卧虎藏龙”。

可以说诸葛亮是拥有人生大智慧者，他现在的韬光养晦，只是为了等待一次机会、等待一位明主。

在当时，汉末以来军阀混战的形势已趋明朗。曹操基本上统一中国北方，势力最大。孙权割据江东，势力次之。刘表、刘璋等军阀也各有地盘。刘备在参加镇压黄巾起义军时，组成了一个势力不大的军事集团，但屡被曹操击败，被迫辗转投靠，没有自己的固定地盘。为发展势力，他到处访寻人才。后来，他“三顾茅庐”，请诸葛亮出山辅佐。诸葛亮意识到这个机遇千载难逢，于是向刘备精辟地分析了当时的政治形势，并提出了对策，这就是有名的“隆中对”。

最终，诸葛亮登上政治舞台，成为刘备的主要谋士，掌握着军政大权。

他联孙抗曹，取得著名的赤壁之战的胜利，并乘机占领荆州，进军四川，取得益州，形成魏、蜀、吴三国鼎立的局面，为刘备建立和巩固蜀汉政权，作出了巨大贡献。

李嘉诚：抓住人生的每一次重大机遇

李嘉诚出生于1928年，1940年为躲避日军的侵略随父亲逃到中国香港，寄居在舅父家中。1943年父亲去世，李嘉诚开始了起早摸黑、打水扫地的学徒生活。为了不当一辈子穷人，他时刻关注着“发财”的机会。很快，他得到一个卖水桶的机会。别人都是将白铁水桶卖给杂货店，他却将白铁水桶卖给大树底下打牌的大婶大妈——因为这些人是最终消费者，业绩良好。

这样的日子过了两年，突然有一天他遇到推销塑料水桶的，他感到白铁水桶的日子到头了。与其继续卖白铁水桶，不如卖塑料水桶。就这样，凭着对市场机遇的敏感把握，他跳槽到塑料公司作推销员，并且很快被提升为经理。

大约当了两年经理后，李嘉诚逐渐认清了塑料行业。这是个新兴行业，技术低，投资少，见效快。与其给别人打工，不如自己开厂。

1950年，22岁的李嘉诚就把辛辛苦苦攒下的5万港币都投进去，开了一家塑料花厂。如果李嘉诚继续在塑料花行业精耕细作，到今天李嘉诚的身价可能也就区区数亿港元。

但是李嘉诚思维灵活，视野开阔，有幸踏入了地产业，并抓住了多次重大的历史机遇，终成为香港的首富。

他的第一次重大机遇是在1965年到1967年期间。1965年，正值越南战争大规模升级，人心惶惶，香港商界十分紧张，市民挤兑银行，商人抛售物业。而1967年，英资恐慌，商界进一步骚动，楼市、地价狂跌。当时的李嘉诚还是一个小业主，初尝地产业的甜果，却不懂得国际政治、中国政治，别人抛售，他就尽力吃进。结果，越南战火并没有蔓延开来，中国经济到1968

年也已经恢复正常，香港稳定下来，楼市恢复，李嘉诚赚了一大笔。

第二次重大机遇是1973年底的中东战争和石油危机，数月间油价暴涨4倍多，全球经济下行，连带着香港经济也陷入困境，楼市再次低迷。李嘉诚相信，萧条是暂时的，经济终将复苏，于是又大胆大量吃进，数年后果然得到了丰厚的回报。正是在这次萧条中，香港经济的四大支柱之一的和记黄埔差点破产倒闭，被汇丰银行收购。而到1979年，李嘉诚从汇丰手中购得和记黄埔22.4%的股份，不久即增资至40%，成为和黄董事局主席。这是李嘉诚事业的一次重大飞跃。

第三次重大机遇是80年代中英香港地位谈判。大量英资纷纷撤出香港，而李嘉诚这次是越来越主动、越来越有信心地看好香港前途，继续加持房地产，等到了1984年谈判结束，大陆资本蜂拥而入，香港地产很快又红火了起来，李嘉诚再一次售出楼盘，大赚一笔。

就这样，李嘉诚有效地利用了三次重大机遇，终于成为了一代商业巨子，个人资产高达千亿港元。

潘石屹：抓住机会，终成地产大鳄

潘石屹，活跃于媒体与网络的房地产领袖，他与妻子张欣在1995年共同创立的SOHO中国有限公司已经成为北京最大的房地产开发商。在北京的CBD，他留下了永久的印记，在这个区域，无论在建筑的规模上还是在项目的销售额上，SOHO中国都是最大的开发商，并为中国首都大胆引入了标志性的当代建筑。

1987年年底，潘石屹第一次南下广州、深圳。春节一过，潘石屹便变卖家当，辞职南下深圳，到达南头关时，身上剩下80多块钱，这便是多年后外界描述的潘石屹的“创业资本”。在深圳打拼一段时间以后，认为“不能错过历史机会”的他主动请缨南下海南，迎来了他自认为最多姿多彩的人生阶段。经历海南“房地产泡沫”的吹起和爆炸以后，锻炼了足够胆量的潘石屹决定去北京创业。

一个偶然的机会，在怀柔县政府食堂吃饭的潘石屹，无意中听到旁桌的人讲起，北京市给了怀柔几个定向募集资金的股份制公司指标，但没人愿意做。

潘石屹抓住了这个机会。很快，北京万通实业股份有限公司开始进入设立程序。通过相关部门的审批之后，公司就建起来了。这一次，北京万通获得数亿元的利润，潘石屹开始崭露头角。后来潘石屹的企业越做越大，不断地抓住机会，成为了如今的地产大鳄。

史泰龙：坚持梦想，终得机会

2010上映的大片《敢死队》，风靡全球，也让大家看到了宝刀未老的史泰龙。作为全球闻名的动作影星，他也是由小人物一步步奋斗到今天的地位的。其实，他的成功也来源于一次弥足珍贵的机遇。

刚刚出道的史泰龙生活过得非常艰辛，他生活的来源是一个又一个的零工：在动物园清洗狮子笼，送比萨饼，帮助别人钓鱼，在书店帮人照看书摊以及在电影院当领座员。生活的积淀，让他写出了自己的剧本：《洛奇》。他想，是不是可以凭借这个剧本进军电影圈呢？他拿着这个剧本到处找导演和制片人过目，希望找到机会，但是他有个条件，就是必须由自己饰演男主角。

制作商们显然不相信这个落魄的年轻人，后来有一天，就快要放弃的史泰龙碰到了一位愿意赌一把的制片人，到现在我们已经无法知道，这个制片人为何会选择史泰龙，也许这就是苍天的恩赐吧！片子以很低的成本在一个月内就拍完了。

谁也没想到，《洛奇》成了好莱坞电影史上一匹最大的黑马：在1976年，这部影片票房突破2.25亿美元，并夺走了奥斯卡最佳影片与最佳导演奖，并获得最佳男主角与最佳编剧的提名。

在颁奖仪式上，著名导演兼制片人弗兰克·科波拉由衷地赞叹道："我真希望这部电影是我拍的。"

从此，史泰龙在美国电影界崭露头角，并最终一步一步成为了著名的电影演员。

松下幸之助：不放过任何一个可能的机会

松下电器创始人松下幸之助，起初家境贫寒，全靠他一人养家糊口。松下失业后，一家人的生活更是无法支撑。一次，他去一家电器公司求职。身材瘦小的松下来到公司人事部，请求给他安排一个工作最差、工资最低的活干。

人事部主管见他个头瘦小，又衣着不整，不便直说，就随便找个理由说："现在不缺人，过一个月再来看看吧。"

人家本来是推托，没想到一个月后松下真的来了。那位人事部主管又推托说现在有事，没时间接待他。

过了几天，松下又来了。那位负责人有点不耐烦地说："你这种脏兮兮的样子，根本进不了我们公司。"松下回去后，借钱买了套新衣服，穿戴整齐又来了。

这位主管一看，觉得不好再说什么了，又难为松下："我们是搞电器的，从你的材料看，你对电器方面的知识了解得太少，不能录用。"

两个月以后，松下又来了，说："我已经下工夫学了不少电器方面的知识，您看哪个方面还有差距，我再一项一项来弥补。"

这位人事部主管盯着松下看了半天，感慨地说："我干这项工作几十年了，头一次见到你这样来找工作的，真佩服你的这种耐心和韧劲。"

就这样，松下终于打动了主管，如愿以偿地进了这家公司。经过坚持不懈的努力，他终于成为享誉全球的"企业经营之神"。

松下幸之助为了得到一份工作，一直在用自己的耐心和韧劲打拼。同时，他也一直在完善自己以达到职位所要求的标准。

他不放过任何一个可能的机会，哪怕对方只是在敷衍他。

脏衣服不能进公司，他就借钱买套新衣服；对方认为他缺乏专业知识，他竟然用了两个月的时间来学习。

这一举动让那位主管极为震撼，松下幸之助终于得到了那个职位。同时，靠着那股耐性与韧性，松下幸之助的成就绝不仅仅是得到一个工作机会，这种探索的精神和辛勤的努力最终推着他一步一步走向成功。果然，他做到了。

Harvard

第十章

哈佛发散思考术

从一个出发点探求多种答案

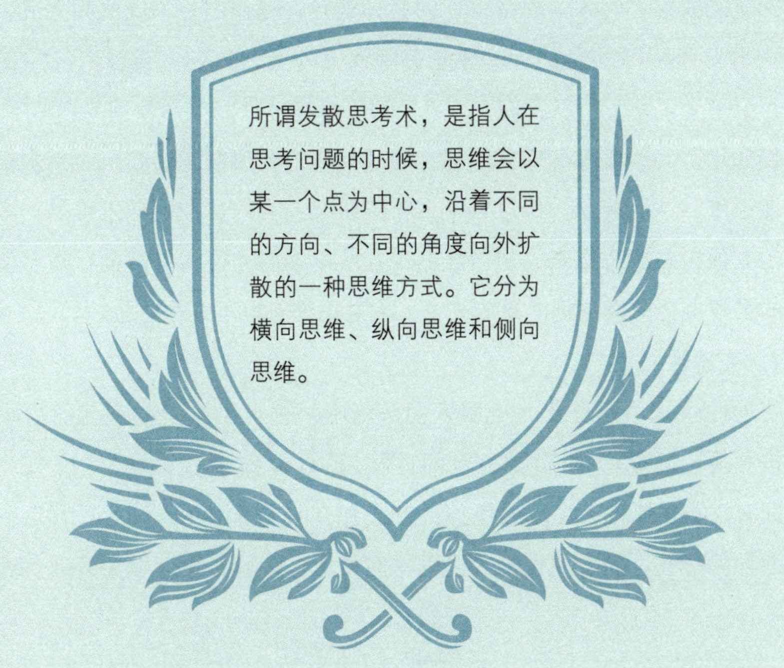

发散思考术又被称为辐射思维、扩散思维，它是指人在思考问题的时候，思维会以某一个点为中心，沿着不同的方向、不同的角度向外扩散的一种思维方式。它分为横向思维、纵向思维和侧向思维。

发散思维是整个创造性思维的基础和核心。它追求思维的广阔性，大跨度地进行联想。发散思维对企业的创新和发展是必需的，发散思维的培养需要的不仅是丰富的内容，还需要经常对常规知识进行洞察与反思，需要的是灵感与智慧。

拥有发散思维的人，思维就如同旭日东升一样，中心不仅明亮火热，还向四周放射出耀眼的光芒。这种光芒既没有一定的方向，也没有一定的范围，完全不受束缚。所以我们说，发散性思维是一种完全开放型的思考术。

1950年，美国心理学家吉尔福特在《创造力》为主题的演讲中首次提出“发散思维”这个概念。经过五十多年的研究，人们从“发散思维术”中又演变出其他很多种思维术，所以我们对发散思维研究得越是透彻，对其他思维术的了解也会愈发深刻。总的来说，发散思维有以下几个特征：

1. 变通性

变通性就是不断变化，克服人们头脑中某种自己设置的僵化的思维框架，按照某一新的方向来思索问题的过程。

拥有发散思维的人会沿着不同的方面和方向思考问题，因此就肯定会具备变通性的特性，而变通性需要借助横向类比、跨域转化、触类旁通，表现出极其丰富的多样性和多面性。

2. 流畅性

流畅性就是想象力的自由发挥。发散思维的触角就像阳光一样，很快就能遍布四周。流畅性反映的是发散思维的速度和数量特征。它是指在尽可能短的时间内生成并表达出尽可能多的思维观念以及较快地适应、消化新的思维、概念，所以我们说有发散思维的人肯定会很机智，因为机智与流畅性密切相关。

3. 独特性

“学我者生，似我者死”。一个人的思维如果大众化就没有任何优势了。独特性是指人们在发散思维中做出的不同寻常的异于他人的新奇反应的能力，可以说独特性是发散思维的最高目标。

4. 多感官性

发散性思维不仅运用视觉思维和听觉思维，而且也充分利用其他感官接收信息并进行加工。发散思维还与情感有密切关系。如果思维者能够想办法激发兴趣，产生激情，把信息情绪化，赋予信息以感情色彩，那么会提高发散思维的速度与效果。

发散思维能让人变通，它为思考者开辟了一条广阔的道路，如果我们局限于一种思路，一种角度，发明创造、技术创新是绝对不可能实现的。创新发明的过程，如同大海捞针一样，在事先毫无所知而目标又太过宏大的情况下，只能向各个方向去摸索。而探索的方向越广，最终找到针的可能性也就越大，所以可以说发散思维是立体的，是创新思维最明显的标志。

比如，你知道一辆普通的自行车有何用途？

也许你会说出以下的答案：交通工具、休闲运动的器械、搬运东西的工具、比赛的器械、疲劳时可以休息的靠垫……

但是你用发散思维来仔细想想，你又会发现它的新用途：马戏表演的道具、礼品、奖品、晒被子的工具、活动的小摊点、锻炼身体的哑铃，甚至可以是打架时候的凶器。

面对一个已经确定的问题，我们应该学会在一定时间内，以这个问题为中心，向各个方向做辐射状的思考，不拘一格地探寻各种各样的答案和解决问题的方法。

一只甲虫在一个篮球上爬行，由于它看到的世界都是扁平的，所以它永远不会知道自己是在一个有限的球面上爬行。然而，如果这个时候飞来一只蝴蝶，它一眼就会看出甲虫是在一个小小的篮球上爬行，因为蝴蝶的视觉是立体的，这对它来说，是轻而易举的事情。

这个例子告诉我们，发散思维，就是要从多角度、多方位、多层次、多学科、多手段地考察研究，力图真实地反映对象的整体以及这个整体和其他周围事物之间关系的思维方式。

1. 一般方法

材料发散法——以某个物品作为“材料”，以其为发散点，设想它的多种用途。

功能发散法——从某事物的功能出发，构想出获得该功能的各种可能性。

结构发散法——以某事物的结构为发散点，设想出利用该结构的各种可能性。

形态发散法——以事物的形态为发散点，设想出利用某种形态的各种可能性。

组合发散法——以某事物为发散点，尽可能多地把它与别的事物进行组合形成新事物。

方法发散法——以某种方法为发散点，设想出利用方法的各种可能性。

因果发散法——以某个事物发展的结果为发散点，推测出造成该结果的各种原因，或者由原因推测出可能产生的各种结果。

下面我们具体来说。

方法1：功能发散法

从某种事物的功能出发，构想出可以实现该功能的其他方法。

例如，你能想到多少种方法以达到照明的目的。可以开电灯、可以点蜡烛、可以用手电筒、可以点火把、甚至也可以用镜子反射太阳光，如果细心地逐一思考，你会发现有许多方法。

方法2：组合发散法

以某一事物为扩散点，尽可能多地设想它与另一事物组合而形成具有新功能、新价值的新事物的各种可能性。

例如，要开发新的方便快餐品种，可以从快餐的口味、原材料、包装形式及目标顾客群四个维度展开分析。

快餐的口味可包含咖喱味、麻辣味、牛肉味、排骨味、鸡肉味、鱼香味、葱香味等；原材料可以选择大米和面条两大类，其中大米可有粳米、黑米、小米、黍米、米加绿豆、米加黄豆、米加红豆、米加枣等，面条又可有芹菜面、绿豆面等；包装形式可选择长方形、正方形、碗状、筒状；目标客户群可细分为儿童、青年、中年和老年。这样就有7种口味、10种原材料、4种包装、4类客户群，可产生1120种组合。

发明创造并不一定要创造全新的东西，也可以是旧东西的重新组合，创新之处就在于找到了原本不相干的事物间的巧妙的组合方式。

方法3：材料发散法

以某个物品为“材料”，尽可能多地设想它的多种用途。

在一次部门的头脑风暴活动中，大家就“曲别针到底有多少用途”展开了激烈的讨论。大家纷纷提出自己所能想到的用途：可以用来把纸张和文件别在一起，可以用作发夹，可以代替别针，可以拉直了用作粗织工的针或织针，可以当鱼钩等等，加起来总共有20种。

这时，经理竖起三个指头，说曲别针的用途至少有300种，大家无不感到惊讶。经理当场通过幻灯片，展示出曲别针的众多用途。随后经理又补充说，如果借助信息标与信息反应场，曲别针的用途可以达到3000种甚至3万种！整个会场顿时轰动了。

方法4：结构发散法

以某事物的结构为发散点，设想出利用该结构的各种可能性。

北戴河孟姜女庙前檐柱上有一副对联，上下联分别如下：

海水朝朝朝朝朝朝朝落

浮云长长长长长长长消

这副对联的特别之处在于，对联中有两个多音字。“朝”字可以有两个读音，分别表示两个意思：表示早晨的“朝”和表示潮水的“潮”；“长”也有两个读音：表示长短的“长”和表示涨潮的“涨”。前来游玩的一家三口便议论开了——

爸爸认为，这副对联可读成：

“海水朝朝潮，朝潮，朝朝落；

浮云长长涨，长涨，长长消。”

妈妈认为，这副对联可读成：

“海水朝潮，朝朝潮，朝朝落；

浮云长涨，长长涨，长长消。”

这时，女儿却说，这副对联应该这样读：

“海水潮，朝朝潮，朝潮朝落；

浮云涨，长长涨，长涨长消。”

其实，爸爸、妈妈和女儿的读法都没有错，他们只是以对联的结构为发散点，充分利用自己的发散思维，做出了不同的处理而已，使得同一副对联表达出了三种不同的意境。

方法5：形态发散法

每种事物都具有其独特的形态特征，包括形状、颜色、音响、味道、气味、明暗等，形态发散法即以事物的形态为扩散点，设想出利用某种形态的各种可能性。

例如，“O”是什么？

天文学家眼里，它是天体，可能是太阳、满月、地球、卫星等；

主妇眼里，它是器皿，可能是碗口、圆罐、盘子、脸盆等；

如果它是果实，它可能是苹果、葡萄、柚子、西瓜等；

它还可以是鸡蛋、硬币、乒乓球、救生圈等。

方法6：因果发散法

以某个事物发展的起因作扩散点，推测可能发生的各种结果，或者以结果为扩散点，推测造成此结果的各种原因。

使玻璃杯破碎的原因有哪些？答案可能是多种多样的，如：杯子里的水结了冰，杯子被胀碎了；手没有抓稳，掉在地上磕碎了；被某种东西敲碎了；被重物压碎；等等。

我们多数人习惯采用直线式的思维，而创意连篇的人的思维是从一个点向四周发散开来，通过搜索所有的可能性，激发出一个全新的创意。这个创意重在突破常规，它不怕奇思妙想，也不怕荒诞不经。沿着可能存在的点尽量向外延伸，或许，一些从常规思路出发看来根本办不成的事，其前景便很有可能变得柳暗花明、豁然开朗。

2. 假设推测法

面对一个问题的时候，我们可以用假设的方法来思考。假设的情况不管是任意选取的，还是有所限定的，所涉及的都应当是与事实相反的情况，是暂时不可能的或是现实不存在的事物对象和状态。

由假设推测法得出的观念可能大多是不切实际的、荒谬的、不可行的，这并不重要，重要的是有些观念在经过转换后，可以成为合理的有用的思想。

3. 集体发散思维

生物学上的“近亲繁殖”指的是血缘关系相近的生物之间繁殖后代，这样就会导致物种退化，思维也一样，“三个臭皮匠，顶得上一个诸葛亮”，发散思维不仅需要用上我们自己的全部大脑，有时候还需要用上我们身边的无限资源，集思广益。集体发散思维可以采取不同的形式，比如我们常常说的“开会”，几个人在一起，提出问题以后，然后大家各自思考解决办法，最后由一个会议记录员把所有的想法记下来，拿出来大家一起讨论，这种头脑风暴的形式会极大地拓展我们的思路。

圆珠笔芯的漏油难题

圆珠笔是大家日常生活中常常用到的文具，使用起来十分方便。但是你知道吗，关于圆珠笔笔芯还有这样一个故事：

以前，圆珠笔笔芯写到20万字就要漏油，没办法继续使用了，针对这个技术难题，不少圆珠笔生产厂商都投入大量的人力和物力来进行研究：要么计划延长滚珠的磨损寿命，要么考虑如何提高油墨的质量……可惜纷纷折戟沉沙，都没有取得任何突破。

没想到，在众多专家一筹莫展的情况下，一个日本的年轻人却另辟蹊径，利用发散思维解决了这个难题。原来，这位日本青年想明白这个道理：既然圆珠笔写到20万字就要漏油，那么就干脆让他写到十八九万字时就正好用完。这个道理很简单，但是要想到却并不容易。

思维决定出路，一切就是这么简单。

一根曲别针的多种用途

一根普普通通的曲别针，你能想到它有多少种用途吗？也许你只能想到几种。在一次许多中外学者参加的旨在开发创造力的研讨会上，有一位学者居然说出了3000多种用途。

原来，他把曲别针分解为：材质、重量、体积、长度、截面、弹性、硬度、直边、弧度等11个要素，然后将这些要素用一根标线连接起来，作为横的x轴，再把与曲别针有关的人类活动进行要素分解，连成纵的y轴，两轴相交垂直延伸，就可以发现曲别针的一系列用途：比如将曲别针连接起来，设计成为各种电路导电，以及制成物理上的实验器材。在化学方面，曲别针是铁元素组成的，可与硫酸、盐酸以及很多制剂发生反应，进而生成千千万万种化合物。在语言学上，曲别针可以折叠成英、希腊等外文字母，用来进行拼读，这样分析下去，曲别针的用途可真是太多、太广了！

一面镜子解决的问题

有一家500强公司新搬入一幢摩天大楼，不久就遇到了一个难题。由于当初楼内安装的电梯过少，导致现在员工上下班时经常要等很长时间，为此怨声不断。

公司老总于是把各部门负责人召集在一起，请大家出谋划策解决电梯不足的问题。经过一番讨论，大家提出了4种解决方案：

第一种：提高电梯上下速度，或者在上下班高峰时段，让电梯只在人多的楼层停。

第二种：各部门上下班时间错开，减少电梯同时使用的几率。

第三种：在所有的电梯门口装上镜子。

第四种：装一部新电梯。

如果是你，会想到哪种方案？根据爱德华·德博诺教授的说法，如果你想出的是第一、第二或第四种，那么你的思维方式是属于垂直型或传统型的。如果你提出的是第三种，那么你的思维方式是水平型的，属于横向思维。垂直思维是一种常规的思考方式，解决问题的视野过于狭隘，而横向思维却能抛开思维定式，打开一片新的思维空间，常常会找到出人意料的独特有效的方案。

经过慎重考虑，该公司选择了第三种方案。该方案付诸实施后，员工乘电梯上上下下，再也没了抱怨声。

爱德华·德博诺教授最后总结说：“等着乘电梯的人一看到镜子，免不了开始端详自己的镜中形象，或者偷偷打量别人的打扮，烦人的等待时刻就在镜前顾盼之间悄悄过去了。该公司的难题固然是由电梯不足引起的，但也与员工缺乏耐心不无关系。”

把梳子卖给和尚

有一个经典的发散思维案例，被很多教科书引用：

为了选拔真正有效能的人才，公司要求每位应聘者必须经过一道测试：将公司的一种梳子卖给附近寺庙的和尚。这道立意奇特的难题、怪题，可谓别具一格，用心良苦。几乎所有的人都表示觉得很荒谬：和尚用得着梳子吗？不少人打了退堂鼓，但是还是有3位应聘者决定去完成这个“不可能完成的任务”。一个星期的期限到了，三人回公司汇报各自销售的实践成果，甲先生仅仅卖出一把，乙先生卖出10把，丙先生居然卖出了1000把。同样的条件，为什么结果会有这么大的差异呢？公司请他们谈谈各自的销售经过。

甲先生说，他跑了三座寺院，受到了无数次和尚的臭骂和追打，但仍然不屈不挠，终于感动了一个小和尚，买了一把梳子。

乙先生去了一座名山古寺，由于山高风大，把前来进香的善男信女的头发都吹乱了。乙先生找到住持，说：“蓬头垢面对佛是不敬的，应在每座香案前放把木梳，供善男信女梳头。”住持认为有理。那庙共有10座香案，于是买下了10把梳子。

丙先生来到一座颇具盛名、香火极旺的深山宝刹，对方丈说：“凡来进香者，多有一颗虔诚之心，宝刹应有回赠，保佑平安吉祥，鼓励多行善事。我有一批梳子，您的书法超群，可刻上‘积善梳’三字，然后作为赠品。”方丈听罢大喜，立刻买下1000把梳子。

听了这三位应聘者的讲述之后，公司认为，三个应考者代表着营销工作中三种类型的人员，各有特点。甲先生是一位执着型推销人员，有吃苦耐劳、锲而不舍、真诚感人的优点；乙先生具有善于观察事物和推理判断的能力，能够大胆设想、因势利导地实现销售；而丙先生呢，他具有发散思维，从把梳子卖给和尚，到把业务扩展到上香的香客上面，丙先生大胆创新，有效策划，开发了一种新的市场需求。最后该公司录取了丙先生。

微型冰箱打破垄断格局

在过去很长的一段时间里，电冰箱市场一直为美国人所垄断，冰箱几乎每个家庭都有，而且产品淘汰周期长，可以使用很久。在这种情况下，其他国家的产品很难进入市场，而日本厂商却看到了商机，异军突起，发明创造了微型冰箱。人们忽然发现除了可以在办公室使用外，冰箱原来还可以安装在野营车、娱乐车上，这极大地方便了全家人外出旅游，就算在野外也能用上冰箱。微型冰箱改变了一些人的生活方式，也改变了整个冰箱市场的格局。

微型电冰箱与家用冰箱在工作原理上没有区别，其差别只是产品所处的环境不同。日本人有意识地改变了产品的使用环境，引导和开发了人们潜在的消费需求，把冰箱的使用方向由家居转换到了办公室、汽车、旅游等其他方向，从而达到了创造需求、开发新市场的目的。

把酒送给美国总统，瞬间打开销路

白兰地通常被人称为“葡萄酒的灵魂”。世界上生产白兰地的国家很多，但以法国出品的白兰地最为驰名。

法国的白兰地酒在国内和欧洲畅销不衰，但在进入美国市场时遭到了困难，美国人爱喝啤酒和吃爆米花，喜欢休闲和随意，崇尚牛仔生活，所以白兰地很难进入他们的生活。

为占领巨大的美国市场，白兰地公司耗费巨资专门调查美国人的饮酒习惯，制定出各种推销策略，但因促销手段单调，结果收效甚微。

这时有一位叫柯林斯的推销专家，向白兰地公司总经理提出一个推销妙法：在美国总统艾森豪威尔67岁寿辰之际，向总统赠送白兰地酒，借机扩大白兰地酒在美国的影响，白兰地公司总经理采纳了这个建议。

公司开始了规模庞大的公关活动，首先给国务卿呈上一份礼单，上面写道："尊敬的国务卿阁下，法国人民为了表示对美国总统的敬意，将在艾森豪威尔总统67岁生日那天，赠送两桶窖藏67年的法国白兰地酒。请总统阁下接受我们的心意。"

然后，他们把这一消息在法美两国的报纸上连续登载，很快，这个消息成为了坊间和媒体津津乐道的焦点，并引起不少人的兴趣——什么样的酒能作为生日礼物送给美国总统呢?

1957年10月14日是美国总统艾森豪威尔的生日。只见法国人用专机将两桶白兰地酒运到华盛顿，当机门缓缓打开的时候，身着宫廷卫侍服装的法国礼仪兵将白兰地酒缓缓接下机，然后他们护送这两桶经艺术家精心装饰的白兰地酒步行经过宽敞的华盛顿大街，直往白宫，白宫前的草坪上更是热闹非凡。

一路上，数以万计的美国市民夹道观看，盛况空前，引起极大轰动。上午10时，四名英俊的法国青年穿着雪白的王宫卫士礼服，如同圣骑士一样驾着法国中世纪时期的典雅马车进入白宫广场。由法国艺术家精心设计的酒桶古色古香，似已发出阵阵美酒醇香，整个现场的气氛达到了高潮。在场的群众纷纷唱起了"马赛曲"，气氛达到了最高潮。

从此以后，争相购买白兰地酒的热潮在美国各地掀起，这不仅是一种品位，更是一种生活态度。一时间，国家宴会、家庭餐桌上更少不了白兰地酒。

白兰地酒进军美国市场之后，白兰地公司的收益大幅度增加。

白兰地公司总经理感叹道："一个好点子胜过千百万资金！"

多条线索，找到杀兔真凶

有这么一个经典的发散思维训练题，摘录如下，让读者也开动一下脑筋：

大兔子病了，

二兔子瞧，

三兔子买药，

四兔子熬，

五兔子死了，

六兔子抬，

七兔子挖坑，

八兔子埋，

九兔子坐在地上哭起来，

十兔子问他为什么哭，

九兔子说五兔子一去不回来！

大家看出什么门道来没？这是一件密谋杀兔事件。兔子家族到底发生了什么阴谋？大家先别看参考答案，先想想这个歌谣中到底蕴含了什么样的线索呢？请充分发挥你们的发散思维。

哈佛发散思考术

1．首先，兔子也是有阶级的，大兔子病了，要治它的病，就必须不惜一切代价，甚至牺牲一只兔子做药引。

2．病的是大兔子，五兔子却突然死了，显然是被做成了药引。

3．“买药”其实是黑话，因为实际上只需要一些简单的草药，主要是药引，所以这个“买药”指的是去杀掉做药引的兔子，三兔子是一个杀手。

4. 做药引的为什么是五兔？因为哪只兔子适合做药引是由医生决定的，二兔子就是医生，而四兔子应该就是小学徒了。

5. 可以推出，二兔子借刀杀兔搞死了五兔子，他们之间有什么过节呢？可能是情杀，因为一只母兔。

6. 谁是母兔呢？想象一下，女人有爱哭的天性，所以九兔是母兔，九兔也知道了真相，所以才哭，因为她爱的是五兔。

7. “六兔子抬”，这明显是病句，一只兔子怎么抬？他显然是被抬，因为他死了，所以才会被抬。抬他的两只兔子随后一个挖坑，一个埋尸。没错，抬他来的就是七八两只兔子！

8. 六兔子是被七八两只兔子杀的吗？不是，他是被杀手三兔子杀死的。三兔子本来不想杀他，五兔子和六兔子关系非常好，当时他们正好在一起，并联手抵抗，所以三兔子才把他们一起杀了。

9. 最后一点分析了，也许是多余。事情是这样的，三兔在和五六两只兔子的打斗过程中，引来了七八两只兔子。当五六兔被杀死后，三兔已没有力气，况且七八兔平时都很听话，不会告密的。所以三兔就放过了七八两兔，并让他们把六兔抬走，埋了。

从一个类似打油诗的几句话中，我们能推测出这么多的东西，你是不是也觉得发散思维很有趣呢？

发散思维，赢得职位

如今找一份工作不容易，小李在网上看到一个他非常中意的企业的招聘启事。可是当他赶到报考地点时，已有20位求职者排在前面，他是第21位。怎样才能引起老板的特别注意而赢得唯一的职位呢？

哈佛发散思考术

小李在找寻工作的过程中，属于被选择的一方，属于弱势群体。这个时候能帮助他的，只有他自己。如何有礼有节，而又巧妙地让老板坚持到他这个21号求职者才出结果呢？佛瑞迪沉思了一会儿，终于想出了一个好主意。他在一张纸片上写了几行字，请人交给了老板。

老板看后哈哈大笑起来，并且走到他的面前亲切地拍了拍他的肩。请你们想一想纸片上写的是什么字？纸片上写的是：先生，我排在队伍的第21位。在您看到我之前，请千万别急着做出决定。

味精销量大增的秘密

日本有一厂家生产瓶装味精，不仅质量好，而且瓶子内盖上有4个孔，顾客使用时只需甩几下，很方便。可是销售量却一直徘徊不前，为了增加利润，厂家采取了打广告、做促销等各种手段，但销售量还是不能大增。如果你是厂家负责人，你有什么办法吗？

哈佛发散思考术

厂家一直把目光集中在自己的产品上，这固然是个好事，但是却限制了思路和解决问题的方法。味精是一种消费品，也是一种消耗品，如果人们消耗得多，自然就会再买一瓶。最好的办法就是在味精瓶的内盖上多钻一个孔。由于一般顾客放味精时只是大致甩个二三下，四个孔时是这样甩，五个孔时也是这样甩，这样在不知不觉中就多用了近25%，味精的销量自然也就大大提高了。

在采金热中发现商机

据说在19世纪中叶，美国加利福尼亚发现金矿，为了攫取财富，许多人纷纷奔赴加州投入采金热潮。有一位年轻人也是其中一员。为了圆自己的发财梦，他历尽千辛万苦赶到加州，可是，他发现这里人山人海，鱼龙混杂。经过一段时间的艰苦努力，他没能挖到一两金子。

而且挖金的山谷中气候干燥，环境恶劣，水源奇缺。在挖金的过程中，这位年轻人常常是饥渴难耐，感觉前途无望。如何打破这个窘境呢?

哈佛发散思考术

这位年轻人突发奇想：如果这个山谷中有一个卖水的地方，将水卖给这些挖金的人，也许比挖金矿能更快挣到钱。于是他立刻张罗起来，利用一些简单的设备，投入到挖渠引水的工作中。引来的水经过细沙过滤，就成为清凉可口的饮用水。然后他将水装在桶里，运到山谷一壶一壶卖给找金矿的人。

很多认识他的人对此很不解，你不去挖金子发大财，却干这种蝇头小利的买卖，卖水卖到猴年马月才能盈利啊！但是这位年轻人毫不介意，继续卖他的饮用水。金矿的确有，但不是人人都能挖到的，很多淘金者最后空手而归，但是继续来山谷挖金的人依旧如同飞蛾扑火一样络绎不绝。这位年轻人利用自己的商业眼光，在特殊的境遇中突发奇想，将水作为商品出售，在很短的时间内靠卖水就赚到了几千美元，这在当时是一笔很可观的财富了。

电影院选址的窍门

如果你是一家电影公司的职员，现在，公司要在另外一个城市开一家新的电影院，于是安排你做一件事情：在一到两天的时间内，帮公司找到一个最适合开电影院的地方。你有把握在这么短的时间内找到吗？

哈佛发散思考术

众所周知，开电影院和开商店的经验是一样的：第一是位置，第二是位置，第三还是位置。

位置为什么如此重要？因为，商店和电影院生意要兴隆，首先得人气旺。而人气要旺，就必须将位置选择在人流量多、消费能力强的地方。

很多人面对这样的问题，很容易根据常规思维，用测算人流量的方法去解决，其中最直接的方法——正向方法，就是每天派人到各处实地考察，但这样需要耗费大量的时间和精力，短时间内得出结果根本不可能。还有一种办法就是请专门的调查公司来进行调查，可那种花费肯定也是不小的。除了这两种方法之外，还有没有更好的方法？

日本电影公司的一位高级管理者就遇到过这样的问题。但他只采用了一个非常简单的方法，就轻而易举地将问题解决了。

他是怎么做的呢？——带领自己的下属，到将要开设电影院的城市的所有派出所进行调查。调查的目标十分简单：看哪个地方平时丢钱包最多，然后就选择丢钱包最多的地方开电影院。

结果证明，这个选择简直太对了，这家电影院成了电影公司开设的众多电影院中最火的一家。作出这样选择的理由是什么？因为钱包丢失最多的地方，就是人流量最大、消费活动最旺盛的地方。

这位主管所采用的方法就是发散思维法。它的具体做法是：思考问题时，不从“正面”的角度去考虑，而是通过出人意料的侧面来思考和解决问题。

徐渭：巧吃竹竿顶上的点心

明代著名诗人、画家徐渭，小时候就天资聪慧，非常灵敏。

一天，他正和村里人一起玩耍，同村一个秀才准备考考他，于是拿了一根长长的竹竿走了过来，竹竿的最上端挂着一包点心，这位秀才说："谁要是能够不把竹竿横倒就能拿到点心，点心就归他所有。"

村里的人都大眼瞪小眼，想不出办法来，但是徐渭却很快想出了一个妙计。只见他快步接过竹竿，将竹竿的尾部插入一口枯井中，取下点心后，再将竹竿拿出来。

秀才不由地竖起了大拇指："此子以后必成大器！"

毛姆：为自己做广告

威廉·萨默塞特·毛姆，英国著名小说家、剧作家、散文家。他原是医学系学生，后转而致力于写作。他的文章常在讥讽中潜藏对人性的怜悯与同情。

他写过不少经典的文学作品，其中《人生的枷锁》是其毕生心血所著，也为他奠定了伟大小说家的不朽地位。

关于这位小说家，坊间还有一个趣闻。

在毛姆写作生涯的早期，他的小说有一段时间销售不畅，他对自己小说的文笔和内容充满信心，但是如何才能让读者知道这本小说呢？是摆个摊自产自销，还是什么别的办法？

很快，他就想出了主意，他用别名在报刊上刊登了一则征婚启事：本人年轻英俊，受过高等教育，家有百万资产，觅佳偶一名，但只希望获得和毛姆小说中主人公一样的爱情。

结果这个征婚启事一刊登出来，不少希望嫁入豪门的女孩纷纷去买毛姆写的小说。毛姆的这一独特举动使他的小说在短时间内被抢购一空。毛姆在推销他的小说时，就是运用了发散性思维，用别的办法来解决自己图书滞销的问题，从而收到了意想不到的效果。

尤伯罗斯：首创奥运会商业运作的“私营模式”

2008年的北京奥运会给世人留下了深刻的印象，也让世界认识了北京，扬我国威，振奋了我们的民族精神，可以说，这届奥运会取得了巨大的成功。但是你知道吗？几十年前，奥运会可不是像现在这么风光，原来关于奥运会还有下面一个小故事。

在奥运会创办之初，就有3条基本准则：非职业化、非政治化、非商业化。这些都是很好的理想，然而理想和现实总是有差距的。

最初，由于规模有限，时间不长，可以比较容易坚持这三条原则。

但逐渐地，来自苏联东欧的职业运动员大量进入奥运会，将第一条基本准则破坏了。

然后，奥运会深深卷入政治冲突，先是墨西哥城学潮给1968年的墨西哥奥运会投下阴影；继而是1972年的慕尼黑奥运会大血案，从此每届奥运会都把反恐作为重大任务；接下来是非洲国家抵制1976年蒙特利尔奥运会，使“五环”变成了“四环”；苏联入侵阿富汗，西方国家又抵制1980年的莫斯科奥运会。政治因素极大地影响了奥运会，这第二条基本准则也遭到破坏。

只剩下最后一条戒律：非商业化。能够承办奥运会的确是一种莫大的荣誉，但是随着奥运会的比赛项目日趋增多，规模越来越大，场面越来越奢华，对技术、生活服务设施的要求也越来越高。

承办城市面临着一项沉重的经济负担。蒙特利尔亏损了10亿美元，巨额债务差点让市政府破产，之后很长一段时间蒙特利尔的市民都在缴纳“奥运特别税”，该市用了10多年的时间才还清那笔债。莫斯科更是花去90亿美元，没有挣回一分钱。

奥运会的举办权成为一个烫手山芋，到了1978年，申请下一届奥运会的只有美国的洛杉矶一家，洛杉矶也自然轻松地拿到了主办权。

然而，拿到主办权后，洛杉矶一点也高兴不起来，反而愁眉苦脸。更有部分社会人士、甚至包括市政府官员，明确反对承办奥运会。问题很简单：政府如何凑齐这么大一笔钱呢？亏损的话怎么办？

有人突然想到了个好点子，把奥运会交给市场，也就是说，市政府不必插手，让私人企业去筹资举办。这样，政府不用花钱，成功了，白捡个好名声，失败了，也不会增加纳税人的负担。这一大胆的建议得到了有关方面的同意，于是找寻一个好的奥委会主席成为当务之急。

尤伯罗斯1937年出生在伊利诺伊州一个房产主的家庭。由于家庭原因，他在求学时期不得不常常变换学校，这也让他能够迅速地适应新环境。他也具有一种同龄人所没有的组织才干。在上世纪70年代，尤伯罗斯已经是北美第二大旅游公司的老板，但除了在业界，几乎没有人听说过他。虽然他曾经投票反对把纳税人的款项用于奥运会，不过因为他爱好体育，具有创建、发展和管理大型企业的经验，并精通全球公关事务，因此被一家名为科恩—费里国际公司的体育经纪公司相中，游说他参与竞争洛杉矶奥运会组委会主席的职位，并一举成功。

在接手奥运会筹备事宜之初，尤伯罗斯发现，一切得从零开始。当时奥组委可谓困难重重，没有办公室，没有银行账号。因此尤伯罗斯自己拿出一部分钱，在银行立了户头，又临时租下一所房子作为组委会栖身之所。历史上第一个由企业家主持的奥运会组委会成立了。

因为洛杉矶市政府禁止动用公共基金，加利福尼亚州又不准发行彩票，而两者都是奥运会筹款的传统模式。所以尤伯罗斯只有决定把奥运会进行商业性操作，让最重要的财源来自电视转播权、企业赞助、门票销售。

以前的奥运会电视转播是免费的，随便哪家电视台都可以转播。尤伯罗斯则将电视转播权包装为一项专利产品出售，电视台可以获得独家转播权。

为了得到这一全球瞩目的美国独家转播权，美国三大电视网展开了激烈的竞争，最后，美国的ABC广播公司以2.25亿美元获得了电视转播权。

以前政府官员拉赞助要么靠威胁，要么靠乞讨，而尤伯罗斯却把握住了一些大公司想通过赞助奥运会来提高知名度的心理，把企业赞助作为盈利的一个重要来源。他规定，本届奥运会正式赞助商只能有30家，每个行业就一家，最低门槛是400万美元，这就是著名的“TOP计划”（The Olympic Partners，奥林匹克伙伴）。由于每个行业的赞助商只有一个，于是企业自相竞争，抬高赞助价。在谈判中，他也善于抓住谈判对手的心理，摆出最有说服力和诱惑力的理由，令对手高高兴兴地掏钱认账，这一项筹集到3.85亿美元。

尤伯罗斯还严格控制赠票，甚至放出话来，即使总统来也得亲自掏腰包买门票。尤伯罗斯以前一直在干服务业，知道如何进行市场促销。结果，门票最终定价为50～200美元，售量也远远超过以往各届。

奥运会开幕前的火炬传递以前都是由社会名人和杰出运动员担任，但是尤伯罗斯却又看到了商机，他开始拍卖这个权利：谁想获得举火炬跑一公里的资格，交钱竞争！于是这一项又筹集到了4500万美元。

销售上去了，还得控制成本。以前是政府举办，具有一切官僚机构的特征：人员浩浩荡荡，场面轰轰烈烈。他决定在这次大会上大大减少工作人员的名额，谁不好好干活就走人。而且还大量招募了赛会志愿者为奥运会免费服务。以往各界奥运会，几乎无不大兴土木，尤伯罗斯则决定尽量避免新建设施，沿用洛杉矶现成的体育场，并借用大学的学生宿舍作为运动员的公寓，从而充分利用现有设施。

1984年7月28日当地时间下午4点15分，第23届奥运会在洛杉矶纪念体育场开幕。当这届奥运会结束后，他给世人提供了一份惊人的账单：承办奥运会共耗费5.1亿美元，盈利2.5亿美元，而洛杉矶的宾馆、饭店、商店等服务机构的额外收入高达35亿美元。

尤伯罗斯成功了。

他在答记者问的时候这样解释他的成功，他在1975年在美国佛罗里达听了英国专家德·波诺博士关于发散性思考方法的演讲，从此养成了创新型的思考方法。

Harvard

第十一章

哈佛逆向思考术

反其道而“思”之

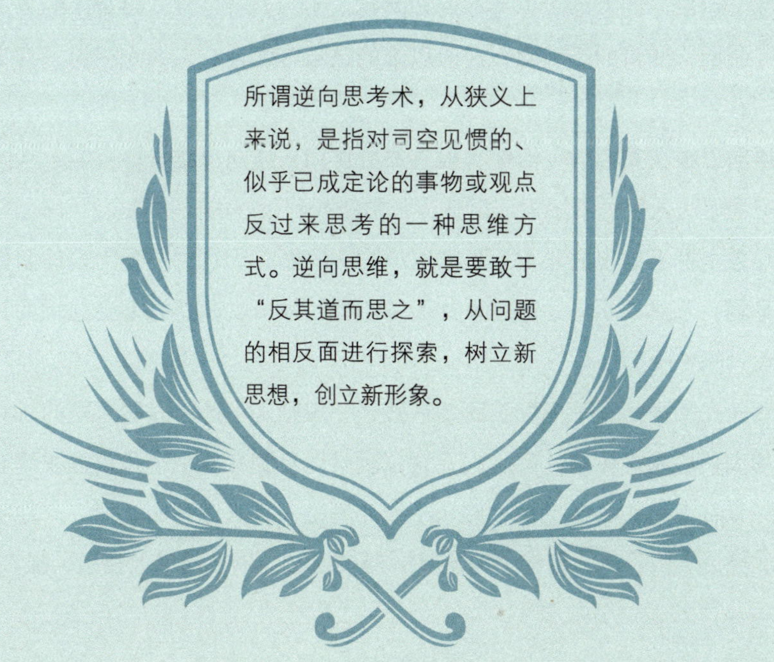

所谓逆向思考术，从狭义上来说，是指对司空见惯的、似乎已成定论的事物或观点反过来思考的一种思维方式。逆向思维，就是要敢于“反其道而思之”，从问题的相反面进行探索，树立新思想，创立新形象。

逆向思维是一个大的概念，有广义、狭义之分。从广义上来说，凡是对人或者对待事物不是以通常方法去思考，而是按照相反的方向去思考的形式都叫逆向思维。从狭义上来说，逆向思维是指对司空见惯的，似乎已成定论的事物或观点反过来思考的一种思维方式。逆向思维，就是要敢于“反其道而思之”，让思维向对立面的方向发展，从问题的相反面深入地进行探索，树立新思想，创立新形象。

逆向思维是反过来思考问题，是用绝大多数人没有想到的思维方式去思考问题。运用逆向思维去思考和处理问题，实际上就是以“出奇”的方法去达到“制胜”的目的。因此，逆向思维的结果常常会令人大吃一惊，喜出望外，别有所得。

逆向思维在我们的生活中有很重要的作用：逆向思维告诉我们，从改变社会习惯看法入手，不按常理出牌，常常能找到很好的成功机会。

几乎全世界出售的儿童玩具都以漂亮、美丽、天真、可爱为设计制作标准。是啊，玩具，玩具，肯定要让人赏心悦目才行，试想有谁会想玩面目可憎的玩具吗？

然而在美国，有一个玩具商却打破这一规则，生产出一些丑陋的玩具，结果却大获成功。原来，有一次，这位玩具商看到有几个小孩正在津津有味地玩一只奇丑无比的昆虫，“原来小孩并不是只喜欢漂亮的玩意”，他喃喃地说。经过专门设计，他的丑陋玩具一经推出，立刻在市场上独领风骚。

逆向思维还告诉我们：当市场出现了众人一致看好或者看坏，舆论一边倒的情况时，危险就会不期而至，如果我们这个时候“逆潮流而动”，说不定能避开风险，并取得意想不到的收获。

在股市中，逆向思维是行之有效的一种操作思路，比如在股市从牛市转入熊市前夕，此时已经危及四伏，但是狂热的股民在上涨预期下，都会觉得指数或估价还会继续上升，包括媒体此时也会大肆鼓吹，股指会继续上涨到什么目标。由于强劲的升势会造成股价上扬，进而造成买家的购买力不足，后续资金无以为继，这样股市就会在一片看好声中突然反转向下，如果投资者能先走一步，就可以赚得钵满瓢满，还避免了风险。

同样，当股市从熊市即将转入牛市前夕，每个股民都会看空，“树倒众人推”，觉得指数或者股价还会继续下跌，悲观气息笼罩了整个市场，而传媒又会起到推波助澜的作用，预言股市会继续下跌。这个时候正是黎明前的黑暗，股市往往在众人的一片看空声中上扬，此时如果投资者能抢先一步，先行一步买入，就会获得丰厚的投资回报。

总的来说，逆向思维有以下几个特征：

1. 普遍性

逆向思维具有它的普遍性。逆向性思维在各种领域、各种活动中都有它的应用，万物之间都存在矛盾，而矛盾存在对立和统一，对立统一的形式又是多种多样的，有一种对立统一的形式，必然相应地就有一种逆向思维的角度，所以逆向思维也有多种形式。如性质上对立两极的转换：冷与热、软与硬等。结构、位置上的互换、颠倒：高与低、上与下、左与右等。过程上的逆转：液化与气化、电转为磁或磁转为电等……不论哪种方式，只要从一个方面想到与之对立的另一方面，都是逆向思维。

2. 批判性

逆向思维意味着和大众思维的决裂，带有革命性和创新性。这种思维是与正向思维相比较而言的，正向思维是指常规的、常识的、公认的或习惯的想法与做法。逆向思维则恰恰相反，是对传统、惯例、常识的反叛，是对常规的挑战。它能够克服思维定势，破除由经验和习惯所造成的僵化的认识模式。

3. 新颖性

上海自来水来自海上

黄山叶落松落叶山黄

京北输油管油输北京

这几句话可以顺着读，也可以倒着读，而且内容一模一样，是不是很有意思?

逆向思维可以让我们的生活变得更加有趣。循规蹈矩的思维和按传统方式解决问题虽然简单，但容易使思路僵化、刻板，摆脱不掉习惯的束缚，得到的往往是一些司空见惯的答案，了无生趣。物都具有多方面属性。由于受过去经验的影响，人们容易看到熟悉的一面，而对另一面却视而不见。逆向思维能克服这一障碍，往往是出人意料，给人耳目一新的感觉。

我们首先看一个小故事:

二战前夕，战争一触即发，在一列火车上，坐着一位德国军官、一位法国军官、一位年轻漂亮的淑女，还有一位白发苍苍、满脸皱纹的老太太。法国军官早就看这位德国军官不爽了，一直想找个机会教训一下他。

刚好，火车驶进了一段长长的隧道，整个车厢一片漆黑，只听一声响亮的亲吻声，然后就是一声清脆的耳光声。车厢里的四个人立刻浮想联翩：老太太钦佩这位漂亮姑娘有节操，不让人占便宜；德国军官觉得委屈到极点：自己什么都没干，还挨了一个耳光，一定是这个法国人浪漫主义爆发，去亲人家，害的自己替他挨打。

漂亮小姐更纳闷了：居然还有人去亲老太太！只有法国军官得意洋洋，原来他刚才自己亲了一下自己的手背，然后抡了德国军官一耳光！这一切都在他的计划之中，因为其他三个人的想法都是最正常不过，符合逻辑的。

人们常常习惯顺向思考，因为这是最符合我们的习惯，而拥有逆向思维的人就可以先行一步，掌握到普通人的行为规律，做出出人意料的创新。

想要培养逆向思维，就要学会观察。

所谓观察相同，构想不同，拥有逆向思维的人往往拥有独特的观察力。我们自己也会发现，不同的人他们的观察视角是不一样的。你和你的女性朋友参加一个宴会，你和她的视角肯定会截然不同。你也许醉心于宴会的美味或者组织者慷慨激昂的演讲，或者是穿着华丽的美丽姑娘。而在你这位女性朋友的眼里却是张太太漂亮的发型、时髦的腰带、别致的耳环，或者是穿着英俊潇洒的小伙子。

在生活和工作中，我们如何运用逆向思维呢？

1. 反转法

这种方法是指从已知事物的相反方向进行思考，产生构思的途径。

“事物的相反方向”常常从事物的功能、结构、因果关系等三个方面进行反向思维。比如，市场上出售的无烟煎鱼锅就是把原有煎鱼锅的热源由锅的下面安装到锅的上面。这是利用逆向思维，对结构进行反转思考的产物。

2. 缺点逆用法

这是一种利用事物的缺点，将缺点变为可利用的东西，化被动为主动、化不利为有利的思维方法。

这种方法并不以克服事物的缺点为目的，相反，它是将缺点化弊为利，找到解决方法。例如金属腐蚀是坏事，但人们可以利用金属腐蚀原理进行金属粉末的生产或进行电镀等。

3. 转换法

这是指在研究一问题时，由于解决这一问题的手段受阻，而转换成另一种手段，或转换角度思考，以使问题得到顺利解决的思维方法。

历史上司马光砸缸救落水儿童的故事，就是一个用转换型逆向思维法的例子。

人和人不一样，人们在面对同样一个情景时的观察结果也就不一样。有一位心理学家找了两个不同出身的7岁的孩子进行了一项心理学测验。

心理医生画了一幅画，里面是兔子一家人的故事。画里的小兔子坐在餐桌旁边哭，兔子妈妈则黑着一张脸，站在小兔子旁边。心理学家让这两个家境迥异的小朋友描述这幅画里讲述了什么。

家境贫寒的小孩说："小兔子为什么哭，是因为它没吃饱，还想要东西吃，但是家里揭不开锅了，兔妈妈也觉得很难过，也在伤心。"

这个时候衣食无忧的那位孩子抢白到："不是这样的，因为妈妈总要小兔子吃太多它不想吃的东西，小兔子才会哭的，而妈妈也在发脾气。"

要想能够常常想到别人想不到的思路，就必须首先学会观察，学会用不同的眼光来看待一个问题。了解到大众如何观察，如何思考，你才能另辟新路，开拓创新。

除了学会观察，我们还要了解事物之间的矛盾辩证关系。事物本身就处在庞大、错综复杂的关系网中，事物之间互相依存，互为因果。"福兮祸之所伏，祸兮福之所倚"，世界在发展中，事物也在不断变化中。比如按高矮次序排队的一个队列，你从左到右和从右到左，看到的就是截然不同的两种正反关系。

传说在日本的江户时代，幕府有一位将军要到一个城市去视察，这个城市的城主为了接待将军，做了充分的准备。

可是，就在将军抵达这个城市的前一天，天有不测风云，突然狂风暴雨，城墙塌了下来，大石头把城门的路给堵死了。

这可怎么得了？为了除去这些大石头，城主率领着大队人马当晚赶到现场。大家用尽了所有的办法，都没能将那些大石头移动。

此时的城主如同热锅上的蚂蚁，急的浑身冒出了汗，如果这种情形持续下去，第二天来访将军的车队是无法顺利通过的，按照当时日本的法律，城主将获死罪。

这时，有个叫伊豆守的人向城主献了一计：“现在正是暴雨倾盆，石头是断然搬不动的，我们可以让工人在这些巨石周围挖上一个坑，然后把大石头埋上就行了。”城主依计而行。

第二天，将军率领车队来了，车队进城的时候完全没有受到影响，城主按照预期准备接待了将军，将军非常高兴，还褒奖了城主。

既然不能把石头搬走，那么我们就把它埋下。把堵住道路的“因”变成铺平道路的“果”，这些难以解决的问题，我们从它们的反面入手，很快就得以解决。

开发旅游村，贫困变富裕

按正常的观念来看，一个贫穷的地方，一群贫穷的人，要脱贫致富会非常难，因为致富需要大量的资金、技术和人才，需要长时间的积累，厚积才能薄发，于是谁都不愿意待在贫困的地方，谁也不喜欢与贫穷的人在一起。可是你也许不知道，贫穷与财富近在咫尺。

在日本的兵库县，有一个叫丹波的小小村庄。当整个日本普遍富裕起来的时候，这里依然贫穷落后，因为这里土地贫瘠、物产贫乏、交通不便、信息闭塞。没有人愿意永远受穷，可又苦于脱贫乏术。于是，他们向全社会征集致富良方。

按照大多数脱贫致富的村庄的经验，他们应该出售物产和资源换回生活所需。但是这个村子穷山恶水，缺少宝贵的自然财富，可以说除了贫穷和落后一无所有。最后，一位专家运用逆向思维：既然只剩下贫穷落后，那么我们何不出售贫穷和落后？如何出售贫穷呢？那就贫穷得更加彻底一点吧！

他向村民建议：村民们立刻搬离现在的房子，住到树上或者山洞里面去；不要再穿布做的衣服，穿树皮、兽皮，总之越原始越好，最好像几千年前尚处于蒙昧时代的老祖宗那样生活，用“原生态”作为卖点，吸引城里人来观光、旅游，从而给村民带来丰厚的旅游收入。

村民们听从了专家的建议，不少城市里的人专门来到这个村子来看“原始人”的生活，一时间，游人如织，不到一年，丹波村的村民们都富裕起来了。

运用逆向思维，劣势变优势

第二次世界大战时期，美军和日军在太平洋战场上展开激烈的斗争，在进攻日本的琉球群岛的时候，出现了很大的伤亡，原来狡猾的日本人早有防备——琉球群岛的绝大多数岛屿都是由火山岩构成的，十几年来，日本人在熔岩下建立起来的地堡相当坚固。

这些紧密排列的地堡，犬牙交错，形成了强力的火力优势，使得美军的登陆部队成为活靶子，伤亡很大，而美军惯用的炮火打击，在这里也哑了火。坚固的火山岩表面保护了这些地堡，使得美军的炮火如同隔靴搔痒。

遭受重大伤亡以后，美军的指挥官开始思考如何击毁日军的铁桶阵，现在的局势很明显：地形是敌人的天然屏障，密集分布的地堡，交叉的火力，堪称完美，而我们的重武器却无计可施。

那么如何转化优劣势，把敌人的优势变成劣势呢？指挥部巧妙地利用了逆向思维，想出了一个作战方案：将一批重型坦克改造成为坦克式推土机，然后用推土机把大量拌好的水泥堆到敌人的暗堡面前，让日本人成为瓮中之鳖。

原来地堡空间狭小，不可能有大型的重武器囤积在里面，而常规武器是对付不了重型坦克改造的推土机的。就这样，地堡里的日军只能眼看着一堆堆水泥堆向洞口，活活地被闷死了。

推广新品种，重兵把守玉米地

墨西哥生产玉米，有“玉米的故乡”的美称。当年，一种高产量的玉米传到墨西哥时，墨西哥农民并不感兴趣。为了提倡种植这种玉米，墨西哥政府花了大气力搞宣传，但效果甚微。优良玉米被冷落一旁，当地农民更愿意种植自己了解的玉米种子。

于是农业部门召集专家，集思广益来推广这种花重金引进的新品种，很快就有人出了一个“怪招”。

不多久，田间耕作的农民突然发现，在各地种植玉米的试验田边，都有全副武装的哨兵日夜把守。一块庄稼地怎么会有哨兵把守呢？周围的农民觉得奇怪，他们判断道：这里种植的东西一定非常金贵。于是，他们经常趁着士兵“疏忽”时溜进试验田，去偷玉米，然后小心翼翼地把偷来的玉米拿回家种在自家的地里，用心侍弄。

一个季节下来，这种玉米的优点广为人知。新玉米就这样被推广到墨西哥各地，成为最受墨西哥农民欢迎的农作物之一。

想让噪音无，花钱请人踢垃圾桶

王教授是一位著名大学的心理学教师，退休后，乐的享清福的他，住进了学校附近的一所小房子里。遛鸟，唱戏，晚年的生活惬意无比。

可好景不长，中午的时候，小区里总有噪音产生，原来有三个年轻人开始在附近踢垃圾桶闹着玩。只听小区里不时发出“哐哐”的噪音，正在睡午觉的王教授哪受得了这个折腾？于是准备出去跟年轻人谈判，但是这些年轻人都是住在这个小区的，撕破脸皮又不是太好。想了想，王教授径直走向了这些年轻人。

“你们玩得真开心。”他说，“我一个人也没什么事情做，就是喜欢热闹。我喜欢看你们玩得这样高兴。如果你们每天都来踢垃圾桶，我将每天给你们每人一块钱。”

三个年轻人很高兴，更加卖力地表演他们的球技。而王教授则喜笑颜开地给他们发着工资。

不料三天后，王教授忧愁地说：“单位克扣了我的工资，从明天起，只能给你们每人五毛钱了。”年轻人显得不大开心，但还是接受了王教授的条件。他们每天继续去踢垃圾桶。

一周后，王教授又对他们说：“最近单位延误我的工资发放了，对不起，每天只能给两毛了。”

“两毛钱？”一个年轻人脸色发青，“我们才不会为了区区两毛钱浪费宝贵的时间在这里表演呢，不干了！”

从此以后，王教授又过上了安静的日子。

只借1美元，巧用保险箱

一天，一个犹太人富翁走进纽约花旗银行的贷款部。

看到这位绅士气宇轩昂，打扮得又非常富贵，贷款部的经理不敢怠慢，亲自出来接待：“这位先生有什么事情需要我帮忙的吗？”

“哦，我想借些钱。”

“好啊，你要借多少？”

“1美元。”

“只借1美元？”

“不错，只借1美元，可以吗？”

“当然可以，像您这样的绅士，只要有担保多借点也可以。”

“那这些担保可以吗？”

这位富翁说着，然后从豪华的皮包里取出一大堆珠宝堆在写字台上：“喏，这是价值50万美元的珠宝，够吗？”

“当然，当然！不过，你真的只借1美元？”

“是的。”那个犹太人接过了1美元，就准备离开银行。

在旁边观看的分行行长此时有点摸不着头脑了，他怎么也弄不明白这个犹太人为何抵押50万美元就借 1 美元，这太有违常理了。他急忙追上前去，对犹太人说：“这位先生，请等一下，你有价值50万美元的珠宝，为什么只借1美元呢？假如您想借30万、40万美元的话，我们也会考虑的。”

“啊，是这样的，我只是想存50万美元而已。我来贵行之前，问过好几家金库，他们保险箱的租金都很昂贵。而您这里的租金很便宜，一年才花6美分。”

逆向思考，野马汽车风行一时

20世纪60年代中期，当时在福特一个分公司任副总经理的艾柯卡正在寻求方法，改善公司业绩。他认定，达到该目的的灵丹妙药在于推出一款设计大胆、能引起大众兴趣的新型小汽车。在确定了最终决定成败的人就是顾客之后，他便开始绘制战略蓝图。

以下是艾柯卡如何从顾客着手，反向推回到设计一种新车的步骤：顾客买车的唯一途径是试车，要让潜在顾客试车，就必须把车放进汽车交易商的展室中。

吸引交易商的办法是对新车进行大规模、富有吸引力的商业推广，使交易商本人对新车型热情高涨。说得实际点，他必须在营销活动开始前做好小汽车，送进交易商的展车室。为达到这一目的，他需要得到公司市场营销和生产部门百分之百的支持。同时，他也意识到生产汽车模型所需的厂商、人力、设备及原材料都得由公司的高级行政人员来决定。

艾柯卡一个不漏地确定了为达到目标必须征求同意的人员名单后，就将整个过程倒过来，从头向前推进。几个月后，艾柯卡的新型车野马从流水线上生产出来了，并在60年代风行一时。它的成功也使艾柯卡在福特公司一跃成为整个小汽车和卡车集团的副总裁。

骆驼牌香烟自曝其短，反而销量骤升

美国的骆驼牌香烟有段时间销售很不好，销售老总威尔逊很是着急，然而香烟市场厮杀得特别激烈，若没有出奇制胜的险招，完全没有扩大份额的可能。

没过多久，骆驼牌香烟打出了一则广告："请不要购买本品牌的香烟，据有关部门检测，本品牌香烟的尼古丁、焦油含量比其他同类产品高1%。"

居然还有这样暴露自己短处的？很快这个广告引起了不少人的注意，有些人故意买这种品牌的香烟，说："买一包抽抽，看和别的烟有什么不同。"还有的人故意抽这个烟表现自己的男子汉气魄，来表现自己不怕死的精神。

很快，香烟的销售便上来了，这个暴露自己短处的险招，反而增加了骆驼牌香烟的销量和名气。

出其不意，"以火灭火"

一群游客在向导的带领下，在美洲草原上旅游和观光。不料，草原忽然着起火来，很快大火就蔓延开来，游客身边也没有什么灭火器材，难道就要这么坐以待毙？这个时候，向导大喊："大家现在听我的，不要慌！"

只见向导首先要大家拔掉自己面前的干草，清出一块空地来，随着大火越来越逼近，向导让大家站在空地那边，自己却迎向大火，只见向导观察了一会，立刻掏出点火器材，在自己脚下点起了火。只见向导身边立刻升起了一道火墙，这道火墙同时向三个方向蔓延开来。

奇怪的是，向导点燃的火墙并没有顺着风势烧过来，而是迎着扑过来的火苗烧了过去，当这两个火墙碰到一块的时候，火势骤然减弱，然后渐渐熄灭了。

哈佛逆向思考术

以水灭火是我们最常用的方法，但是以火灭火，就是彻彻底底的创新了。经验丰富的向导明白，草原失火，风虽然向着我们吹来，但是靠近火的地方，气流还是会向火焰那边吹去的。

向导放的这把火就是抓准时机借着气流向相反的方向烧过去，而且这把火附近的草木已经烧干净，这样那边的火就再也烧不过来了，于是火势渐渐减弱，游客的安全就得到了保障。

骑马比慢，何以很快分出胜负

一位将军有两个儿子，从小尚武成性，互相不服气，常常比试武艺。他们各有一匹快马，两人常进行比赛并经常为马的优劣发生争吵。将军手心手背都是肉，看到他们每天都在争论，很是苦恼，于是叫两个儿子用赛马的办法来评定两匹马的优劣，但不是比快，而是比慢。员外提出：两人骑马到100里以外的地方，哪匹马后到目的地就是优胜者。于是两个儿子骑着各自的马以最慢的速度前进，几天才走了几里路，两人都不耐烦了，又都不愿认输。这时，来了一位聪明人，教给他们一个办法，使比赛很快分出了胜负。你知道是什么办法吗？

哈佛逆向思考术

聪明人给出的办法很简单：既然是比慢，那么就让这两兄弟立刻换马，然后用尽全力驰骋，谁先骑着对方的马先抵达目的地，谁自然就赢了。

反向行之，巧妙过桥

有两个国家，互相敌对，以河为界。河上有一座桥，桥中间的岗楼上有一个哨兵看守，他的任务是防止行人过桥。如果有人从南往北走，哨兵就命令他回南岸；如果发现有人由北向南走，哨兵就命令他回到北岸。哨兵每隔7分钟出来巡视一次，而要想过桥，最快也要10分钟。许多人想过桥也过不去，但是有一位聪明人却想出了解决办法，你知道他是怎么做到的吗？

哈佛逆向思考术

原来这个聪明人想出了一个改变行走过程的办法：假设他想从南向北过桥，他就趁哨兵返回的时候先从南向北走5分钟，然后改变方向再折返向南走，等7分钟后哨兵出来巡视发现他，就会命令他往回走，于是他便顺利地过了桥。这个办法就是利用了哨兵的固定心理，反其道而行之，巧妙的达成了目的。

旅馆如何防止客人顺手牵羊

老陈经营着一家大旅馆，旅馆处在闹市，生意自然还不错。可是他一直烦心一件事情：来住这个宾馆的旅客照说都是有头有脸的人，可是都喜欢从宾馆里顺手牵走一些东西，虽然不值多少钱，但是这么累积下来，也是一大笔支出。

于是他嘱咐客房服务人员在客人要求退房以后，就迅速地去房内查看是否有东西不见了，然而却遇到很大的困难：首先，一些小玩意就算没被顾客带走，也被乱扔一气，很难寻找，而且顾客在柜台等待结账，还觉得被当贼了，面子上面挂不住，容易发生争执。

老陈很苦恼，你有什么建议可以给他吗？

哈佛逆向思考术

大部分顾客喜欢顺手牵羊，其实并不是故意要偷窃，完全是贪便宜的思想在作祟。酒店里的商品大部分比较精致，顾客又觉得自己既然已经付了不菲的房租，为什么就不能装糊涂拿一个商品回家呢，于是就故意装不明白拿走一些小东西。

其实，解决这个问题的最好办法就是成全顾客的这种想法。在宾馆的每样东西上面都标上价格，并放在一块，便于清点，既然要满足顾客的"购物欲望"，那么就干脆多放一些东西，比如小挂饰、手工艺品等等，也解决了一些顾客懒得自己出去购物的难题。然后再将一些便宜的小物件比如洗漱用品、纸质拖鞋等免费赠送，让顾客有一种占了便宜的感觉。

就像治水一样，最好的办法不是堵，而是疏，我们利用逆向思维，满足顾客"占便宜"的心理，不仅解决了旅馆的这一历史问题，还利用卖小礼物取得了一些收益。

狂风暴雨的晚上，解决载人难题

一个狂风暴雨的晚上，你开车经过一个车站，发现有三个人正苦苦地等待公交车的到来：第一个是看上去濒临死亡的老妇；第二个是曾经挽救过你生命的医生；第三个是你的梦中情人。但你的汽车只能再容得下一位乘客，你选择谁?

哈佛逆向思考术

你应该把车钥匙交给医生，让他赶紧把老妇送往医院；而自己则留下来，陪着你心爱的人一起等候公交车的到来。

孙膑：如何让大王从宝座上走下来

孙膑是中国战国时期著名的军事家。在没有进入仕途之前，他来到魏国，拜见魏惠王，希望能够得到重用。

魏惠王在和孙膑谈论国家大事、社稷民生之后决定考验一下他的智慧，于是对孙膑说："你的才智举世无双，我想考验一下你，如果你能让我从座位上走下来，我就任用你为将军。"魏惠王是这么想的：我就是不起来，你又奈我何？孙膑一听此言，知道这是一个两难的处境：魏惠王如果赖在座位上，我不能强行把他拉下来，把皇帝拉下来是死罪。怎么办呢？只有用不同寻常的办法，让他主动走下来。

于是，孙膑对魏惠王说："在下才疏学浅，我确实没有办法使大王从宝座上走下来，但是我却有办法让您坐到宝座上。"魏惠王心想：这还不是一回事，我就是不坐下，你又奈我何？他便乐呵呵地从座位上走了下来。孙膑马上说："我现在虽然没有办法让您坐回去，但我已经让您从座位上走下来了。"魏惠王方知上当，并不由对孙膑的计谋佩服不已，于是任命他为将军。

宋太祖：以愚困智解难题

五代十国时期，南唐势微，年年向北宋进贡。虽然如此，南唐后主李煜还是想挽留自己的一丝颜面，于是派博学善辩的徐铉到大宋进贡。按照惯例，大宋朝廷要派一名官员与徐铉一起入朝，李煜心想，如果能在外交礼节中获胜，也算是精神上的小小胜利。北宋的朝中大臣都认为自己的辞令比不上徐铉，谁都不敢应战，最后反映到宋太祖那里。

宋太祖沉吟了一会，想出了一个主意，而太祖的做法，大大出乎众人意料。他命人找来10名不识字的侍卫，把他们的名字写好送进宫，然后太祖用笔随便圈了个名字，说：“这个人可以。”在场的人都很吃惊，但也不敢提出异议，只好让这个还未明白是怎么回事的侍卫前去和徐铉见面。

徐铉见了这个侍卫，以为是北宋派出来的当世大儒，于是滔滔不绝地讲了起来，侍卫根本搭不上话，只好连连点头。徐铉见来人只知点头，猜不出他到底有多大能耐，只好硬着头皮接着讲。一连几天，侍卫还是不说话，徐铉也讲累了，于是也不再吭声。

这就是历史上有名的宋太祖以愚困智解难题之举。按照一般的做法，对付善辩的人，应该是找一个更善辩的人，用更强者去压制强者。徐铉是那个时代出名的大儒，北宋要找一个和他旗鼓相当或者更胜一筹的人，不是不可能，但是太耗费时间和精力了。宋太祖巧妙地利用逆向思维，偏偏找一个不识字的人去应对他。

这一做法，反倒引起了善辩高手的猜疑，使他认为陪伴自己的人，是代表宋朝“国家级水平”的人。对大国猜不透，就不敢放肆。以愚困智，只因智之长处，根本无法发挥。

刘伯承：雨后倒着穿鞋，迷惑敌人

刘伯承是中国赫赫有名的军事家，是开国十大元帅之一，人们送给他“常胜将军”的美名。

在一次行动中，刘伯承只带了几十个人，最后他们被敌人发现了。于是，他们不得不连夜赶路，躲避敌人的追击。

敌人有近千人，双方的力量悬殊，如果真的和他们交战，只能带来无谓的牺牲。

战士们的神经绷得很紧，大家急匆匆地赶路，谁都不说一句话。可是“屋漏偏遭连阴雨”，好不容易走了一夜，盼到了天明，容易辨认道路了，却又下起了绵绵细雨。雨虽然不大，但是下个不停，路上满是泥泞，走起来更困难了。

刘伯承一脸沉重，战士们也都一脸的疲惫。在这样的天气下再走下去，一定会被敌人追上的，怎么办呢？

忽然，他吃惊地蹲在地上，原来由于下雨，地上有泥，战士们赶路时留下了不少脚印。只要顺着脚印，敌人就可以不费力气地找到他们了。

刘伯承环顾四周，看见路边有一片小树林，他立刻命令部队走进树林中休息片刻。

休息时，刘伯承下了一个奇怪的命令：把草鞋倒穿在脚上。士兵们都不知道连长为什么要这样做。本来就很累了，这样穿鞋很不舒服，走起来更费力了。可是刘伯承没有时间解释了，他督促士兵们换好鞋，立即出发。

出了树林，刘伯承又命令部队往回走。这下士兵们更糊涂了，往回走不就和敌人碰上了吗？我们的连长怎么了？可是军令谁都不能违抗。士兵们只好心怀疑问地上路了。走了一小段路后，刘伯承带着队伍拐了个弯，朝路旁的一座小山爬去。到了半山腰，可以看到刚才休息的树林了，刘伯承吩咐部队隐蔽好。

过了不久，就见追兵一路寻着脚印，追到了他们曾经休息过的小树林。敌人钻进了树林，一会儿又出来了，他们弯下腰，仔细地看着地面。只见一个人指了指地面，又指了指前方，于是敌人的部队就沿着大路，继续向前追去。

等敌人走远了，刘伯承才带着士兵们走了出来，他笑着说："他看到我们的鞋印是朝前的，就往前去追了，却没想到我们的鞋是倒着穿的。"

好妙的一着棋啊！士兵们都用敬佩的眼光看着带领大家化险为夷的刘伯承。

法拉第：逆向思考，成就世界上第一台发电装置

1820年，丹麦哥本哈根大学物理教授奥斯特，通过多次实验证实存在电

流的磁效应。这一发现传到欧洲大陆后，吸引了许多人参加电磁学的研究。

英国物理学家法拉第怀着极大的兴趣重复了奥斯特的实验。果然，只要导线通上电流，导线附近的磁针立即会发生偏转，他深深地被这种奇异现象所吸引。

当时，德国古典哲学中的辩证思想已传入英国，法拉第受其影响，认为电和磁之间必然存在联系并且能相互转化。

他想，既然电能产生磁场，那么反过来磁场能不能产生电流呢？

为了使这种设想能够实现，他从1821年开始做磁产生电的实验。几次实验都失败了，但他坚信，反向思考问题的方法是正确的，并继续坚持这一思维方式。

十年后，法拉第设计了一种新的实验，他把一块条形磁铁插入一只缠着导线的空心圆筒里，结果导线两端连接的电流计上的指针发生了微弱的转动！电流产生了！随后，他又完成了各种各样的实验，如两个线圈相对运动，磁作用力的变化同样也能产生电流。

法拉第十年不懈的努力终没有白费，1831年他提出了著名的电磁感应定律，并根据这一定律发明了世界上的第一台发电装置。

如今，他的定律正深刻地影响着我们的生活。法拉第成功地发现电磁感应定律，是运用逆向思维方法的一次重大胜利。

易卜生：逆向思维，机智脱险

挪威著名剧作家易卜生，在他年轻时候曾经参加过工人运动，有一天，他在家里正在写一些秘密的联络信函，忽然一群警察包围了他的住宅。

只听见嘈杂的呐喊声和敲门声，眼看警察就要破门而入了，易卜生看着自己写的机密文件，犯起了愁，该怎么藏呢？

他强作镇定，想像一下警察会如何搜查后，心生一计，只见他把所有的重要机密文件，都一一揉搓成纸团，扔得满地都是。然后他将一大堆没用的文件藏在床底下面的一个小柜子中。

警察很快就冲了进来，四处翻箱倒柜，易卜生假装很紧张地瞄了瞄床底，警察很快便如愿以偿地在床底搜到“罪证”，然后把易卜生带回了警局。

在警局，警察很失望地发现这些“罪证”都是一些无用的资料，只好让易卜生回了家。

Harvard

第十二章

哈佛联想思考术

打破一切束缚和传统桎梏

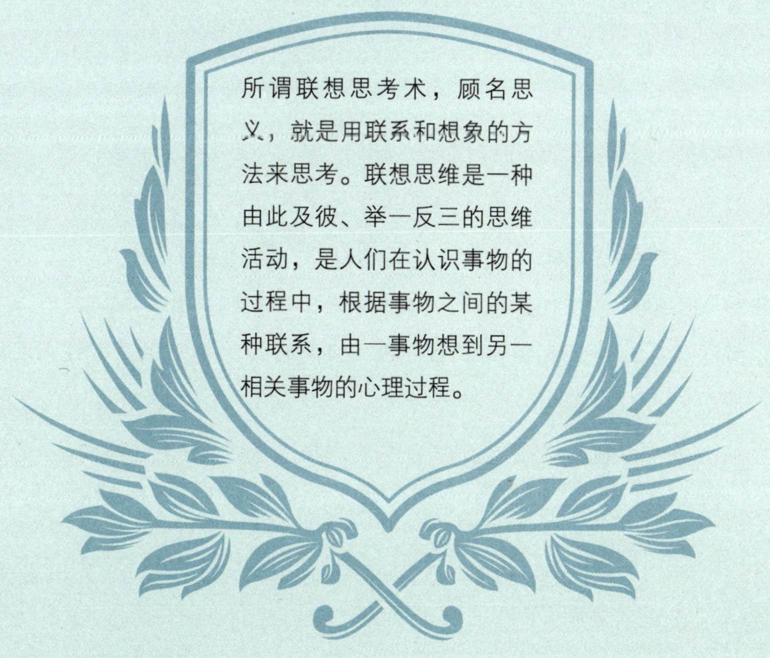

所谓联想思考术，顾名思义，就是用联系和想象的方法来思考。联想思维是一种由此及彼、举一反三的思维活动，是人们在认识事物的过程中，根据事物之间的某种联系，由一事物想到另一相关事物的心理过程。

联想思考术，顾名思义，就是用联系和想象的方法来思考问题。

什么是联想思维，看了下面的两个例子你就会明白。

鲁班有一次上山伐木时，手被路旁的一棵野草划破，鲜血直流。

为什么野草能划破皮肉呢？他仔细观察了野草之后，发现其叶片的两边长有许多小细齿。他想，如果用铁条做成带小齿的工具，是否也可将树划破呢？

依着这个思路往下想，锯子被发明出来了。

另一个案例是：

1941年，工程师乔治·达·米路在森林中打猎时，他的衣服被种子芒刺粘满，同时，他的猎犬也因粘了一身同样的种子芒刺而叫个不停。

乔治深感好奇：为什么这微小的芒刺竟可以紧贴在衣服和动物的毛皮上而难以甩掉呢？这个问题困扰了他一路。回到家，他着手用显微镜来观察这些刺。

在显微镜下，他发现这些种子的壳上有很多细小的钩，这些细小的钩能够紧扣衣服纤维，产生很强的粘贴力。根据这种原理，他发明了魔术贴。

你是否经常在看到一件东西时，就会想到另一件东西？例如，一想到“速度”这个概念，你的头脑中就会闪现出呼啸而过的飞机、奔驰的列车、自由下落的重物等，随之还会产生“战争”、“爆炸”、“粉碎”等一系列其他形象。没错，这就是联想。

上文中鲁班与乔治的事例都是属于联想思维。它是若干对象之间的一种微妙的关系，是一种由此及彼、举一反三的思维活动，是人们在认识事物的过程中，根据事物之间的某种联系，由一事物联想到另一相关事物的心理过程。

事实上，历史上很多创造和发明都来自于联想。从猫科动物厚厚的爪子我们联想到了现在运动员必备的钉鞋；从观察蜘蛛结网我们联想到了纤维的交织可以增加纤维的韧性；从翱翔天际的老鹰我们联想到了飞机……总之，联想是客观事物在人脑中的反映，它可以不断开拓人们的思想，激发人们的创新能力。

联想是打开记忆之门的钥匙。人的头脑中储存着大量的信息，随着时间的推移，这些信息会渐渐被人们遗忘，在脑海中变得模糊杂乱、支离破碎，成为一些无用的细节。联想思考术能让我们挖掘出潜意识深处的种种信息，把它们之间的联系在头脑中再次勾勒出来。

许多人成功的事实表明，他们往往能抓住生活中的细节，用自己的想象力加以润色和勾勒，最终化腐朽为神奇，让麻雀变成了凤凰。比如托尔斯泰写作的《安娜·卡列尼娜》就来源于一件女子卧轨的新闻事件；魏格纳的大陆漂移说就来自于看世界地图的想象；牛顿从落地的苹果联想到了万有引力，贝尔从听到吉他声想到改装电话机……联想的力量改变着人类的历史。

怎样提高我们的联想力呢？这里有一些线索可以给你参考。

首先，我们要相信每个事物都有可能成为其他所有的事物。在艺术家看来，每个事物都是其他所有的事物，艺术家的大脑是高度创造性的大脑，那里没有逾越不了的障碍，自由想象是优等生最好的朋友。“不可能”做的事，往往不是由于缺乏力量和金钱，而是缺乏想象力和观念。我们的想象力是科学不断进入未知领域的原始动力，所以要敢于异想天开，不要害怕胡思乱想。

可是这一点对很多人来说却很困难。首先是因为有的人不敢放开自己的思路，政治的题目就一定要从政治的角度来思考，历史的问题就绝对不能从地理的因素来考虑。这样的头脑是很难有所创新的。

其次是“能够想”，这就需要想象的火花迸发与丰富的知识储备和了然于心的经验，所以我们要拓宽视野、博览群书、扩大自己的知识领域，这样才能产生科学的创造想象，否则就会出现“想”却想不出，或者“想”出的是无用的空想。

最后是“善于想”，要打破常规，跳出传统的桎梏，任想象不受束缚地自由飞翔。另外，在学习的过程中，不要躲在自己的小世界里，要勇敢地走出去，外面的世界更有可能激发你的灵感。比如到野外去亲近自然，感受大自然的奇妙。假如你读过《瓦尔登湖》，就能知道原来描述自然的文字能达到这样唯美的境界。如果只注重书本知识，成天把自己关在屋子里，使书本知识和实践严重脱节，就会变成“无源之水、无本之木”，也不利于想象力的发挥。

具体来说，要想提高自己的想象力，可以从以下几点入手：

1. 有针对性地训练

未来的世界一定是越来越重视想象力的世界，你可以对想象力进行有针对性地训练：

（1）积累丰富的感性形象

可以在社会实践中开阔视野，以扩大对自然界和人类社会中各种形象的储备。社会调查、参观、游览、欣赏影视歌舞、读书，这些都可以扩大形象储备。

（2）借用“朦胧”想象

不少科学家善于在睡意朦胧的状态下思考问题。运用朦胧法，能发现事物之间的一些原来意想不到的相似点，从而触发想象和灵感。

（3）融合想象与判断

合理的想象只有同准确的判断力一道才能发挥作用。丰富的想象力，既需思想活跃，又需判断正确。

（4）练习比喻、类比和联想

比喻、类比是想象力的花朵。经常打比方，可使想象力活跃。读小说时，可以有意识地在关键时刻停下来，设想一下故事的多种发展趋向，然后比较小说的写法，从中受到启迪。看电视连续剧可逐集练习。

（5）多作随意性想象

要先放开思想想象，然后再把不合适的地方加以修改或删除，思想拘谨很难产生出色的想象。总之，作为优秀生的你，要知道如何运用你的想象力，引导自己去开发新鲜的领域与成就。这种想象力往往能发挥重要的作用。人们可以借助逻辑上的变换，从已知推出未知，从现在导出将来。

2. 不断实践，积累经验

拓展想象力的过程，也是一个自身积累的过程，不仅需要训练我们自己的智力，更需要拥有能够提供想象力的土壤，在这个土壤中，最肥沃的就是经验。第一手经验能够提供最丰富的想象动力，因为它们能够长期地储存在我们的大脑中供我们使用。

比如，经常旅游能增加我们的想象力，看到大自然的鬼斧神工，天造地设，我们的思维也能被大大地扩展；人与人的交流也可以丰富和激起人们的想象力，与才智之士交流，不仅是心灵上的一次愉悦感受也是想象力上的一次突破……总之，这些生活中的经验帮助着我们，给我们提供着想象的动力。

3. 平时多读一些优秀的书籍

书籍是人类进步的阶梯，是思想的结晶。看一些经典的文章或者书籍，不仅能够陶冶我们的情操，也能够提高我们的联想思维能力。比如读唐代浪漫主义诗人李白的诗句，就能让我们身临其境，感受到文字的包容与力量。

“白发三千丈，缘愁似个长。”

“飞流直下三千尺，疑是银河落九天。”

“危楼高百尺，手可摘星辰。”

“不敢高声语，恐惊天上人。”

……

这些诗句读起来如同万马奔腾，有一股席卷万里的壮阔气势，不由得让人拍案叫绝。

4. 了解一些基本的联想思维准则

要提高联想思维能力，我们首先要了解一些基本的联想思维准则：

（1）相似规则

所谓相似规则，是指在人的头脑之中可以根据事物之间在形状、结构、性质或作用等方面的特点进行相似的联想，从而引发某种新的设想出来。如朱自清的《绿》：“这平铺着、厚积着的绿，着实可爱，她松松地皱缬着，像少妇拖着的裙幅；她滑滑的明亮着，像涂了明油一般，她有鸡蛋清那样软，那样嫩；她又不杂些儿尘滓，宛然一块温润的碧玉，只清清的一色——但你却看不透她！”这段文字用了四个比喻句，从水纹、水光、水质和水色四个方面，在“皱”、“明”、“清”、“碧”与彼物外形的特征方面展开联想，对梅雨潭的绿作了多方面的描写，很生动传神。

（2）相关规则

所谓相关规则，是指在思考问题时，尽量根据事物之间在时间和空间等方面的彼此节点进行联想。由于世上万物都有联系，不是无故存在的，我们利用事物之间的关联进行联想，也能够打开思路，做出创新。如由曹雪芹想到李白想到杜甫；由《本草纲目》想到《天工开物》想到《梦溪笔谈》；由“团结就是力量”想到“众人拾柴火焰高”想到“二人同心，其利断金”；由“但愿人长久，千里共婵娟”想到“别后唯所思，天渊共明月”到“今夜月明人尽望，不知秋思落谁家”等。

（3）因果规则

客观事物之间具有一种奇妙的因果关系，“问渠哪得清如许，为有源头

联想思维的主要思维形式包括幻想、空想、玄想。其中，幻想，尤其是科学幻想，在人们的创造活动中具有重要的作用。

活水来”，用因果规则进行推导，可以由原因到结果，也可以从结果到原因。常常对自己进行联想性的思想训练。我们可以就随意指定的一件事，或者是规定的一个事物，作为想象的起点，开始我们的联想之旅。

比如我们可以由筷子——碗——饭——水稻——田野——越野车……，手机——短信——家人问候——童年——老家的房子……，等等，放飞自己的意识，让我们僵化的思想再次被激活。

用冰制成管子做输油管

日本的一个南极探险队首次准备在南极过冬时，遇到了这样一个难题：队员们要把船上的汽油输送到基地，但发现输油管的长度不够，当时又没有备用的管子。怎么办才好呢?

正当大伙十分着急的时候，队长西崛荣三郎突然想到：可以用冰来做成管子。南极气温极低，屋外到处都是冰，而且“滴水就能成冰”。问题在于，怎样才能使冰成为管状，且不易破裂。

西崛荣三郎接着又联想到了医疗上使用的绷带，这种绷带他们带来了不少。他设想：把绷带缠在铁管子上，然后在上面浇水，让水结成冰后，再拔出铁管子，这样不就能做成冰管子了吗？一试，果然获得了成功。

他们把做成的冰管子再一截一截地连接起来，需要多长就能接多长。就这样，输油管长度不够的难题便解决了。

西崛荣三郎为了解决输油管长度不够的问题，竟能由铁管、橡皮管、塑料管等事物形象，联想到可以极其方便地就地取材：把绷带缠在铁管上，浇上水，使其结冰后成为冰管。西崛荣三郎所运用的联想，实在是“相距十万八千里”，一般人是根本看不出这些事物之间有什么联系的。

通过给订户送牛奶提升面包、蛋糕销量

国外有家公司既经营鲜牛奶，又经营面包、蛋糕等食品。这家公司出售的牛奶质优价廉，而且每天都能在天亮之前就将牛奶送到订户门前的小木箱内。牛奶的订户不断增多，公司获利越来越大，可是这家公司经营的面包、蛋糕等食品，虽然也质优价廉，但由于门市部所在的地段比较偏僻，来往的行人不多，营业额一直不高。

公司很多人建议通过电视台和报纸做广告来扩大影响，可老板却采用了这样一个办法：设计、印刷一种精美的小卡片，正面印上各种面包、蛋糕的名称和价格，卡片的背面是订单，可填写需要的品种、数量和送货时间，以及顾客的签名。每天把它挂在牛奶瓶上送给订户，第二天再由送奶人收走，第三天便能将所订的面包、蛋糕等食品随同牛奶一起送到订户家中。结果，该公司的面包、蛋糕等食品销量大增。

松下幸之助曾经这样要求设计师："搞产品设计和市场开发，必须把联想和务实相结合，二者缺一不可。"松下电器的许多具有国际领先水平的新产品是与设计师采用联想思维方法分不开的。

由在冰上钓鱼联想到食品冷冻

有一个皮革商喜欢钓鱼，他经常到离家不远的纽芬兰海岸去钓鱼，那里有世界著名的纽芬兰渔场，鱼类资源非常丰富。有一年冬天的一个早晨，下了一夜的大雪也未能阻止他来到纽芬兰海岸。天气很冷，寒风刮在脸上像刀割一样。皮革商费了很大的力气才在结冰的海上凿了个洞，然后他坐下来，点上一支烟，就开始钓鱼。这几天，他心里老琢磨一件事：钓的鱼一放在冰上，很快就冻得硬邦邦了，这种冻鱼只要身上的冰不融化，过个三五日也不会变味，味道还像鲜鱼一样味美，这是什么原因呢？难道食物结了冰就能对其起保护作用？如果把鱼冻起来，是不是也能像活鱼一样保持新鲜呢？如果

是这样，我何不……想到这里，他眼前一亮，一个新奇的想法使他急急收起鱼竿，匆匆回了家。

皮革商开始了他的试验。经过多次反复的试验，他发现牛肉和蔬菜冻得结了冰，也能够保鲜，而且所有的食品冷冻后的味道和保鲜度跟冷冻的速度和方法有关，精明而善于思考的皮革商打算研制一台能使食物快速冷冻的机器。

经过多次的试验、分析、总结，他终于成功地掌握了这种技术。被疲劳和睡眠不足所困扰的皮革商没有犹豫，立刻向国家专利局为他的食品冷冻法申请了专利权。接着，他向外界宣布，他将卖出这一技术。由于这是一种具有极大潜力和发展前途的新技术，一时间，全国各大公司纷至沓来购买专利。他没有轻易出手，各公司看好其发展前景，出价越来越高，最后皮革商把握时机，以3000万美元的高价将专利卖给了美国通用食品公司。

由蜂房结构联想到设计宇宙飞船

航天飞机、宇宙飞船、人造卫星等太空飞行器要进入太空持续飞行，就必须摆脱地心引力，这就要求运载它的火箭必须提供无比强大的能量。同时，太空飞行器自身重量越轻，就越能减轻运载火箭的负担，也就能使太空飞行器飞得更高、更远。

因此，为了减轻太空飞行器的重量，科学家们绞尽脑汁，与太空飞行器“斤斤计较”。要减轻太空飞行器的重量，还要考虑到不能降低其容量和强度，要达到上述目的相当困难。科学家们尝试了许多办法都无济于事，最后还是蜜蜂的蜂窝结构让科学家们解决了这个难题。大家知道，蜂窝是由一些一个挨一个排列得整整齐齐的六角形小蜂房组成的。

18世纪初，法国学者马拉尔琪测量到蜂窝的几个角都是有一定规律的：钝角等于109° 28′，锐角为70° 32′。后来经过法国物理学家列奥缪拉、瑞士数学家克尼格、苏格兰数学家马克洛林先后多次的精确计算，得出一个结论：要消耗最少的材料，制成最大的菱形容器，它的角度应该是109° 28′ 和70° 32′ ，也就是说，蜜蜂的蜂窝结构是容积最大且最节省材料的。

但从正面观察蜂窝，它是由一些正六边形组成的，既然如此，那每一个角都应是120° ，怎么会有109° 28′ 和70° 32′ 呢？这是因为蜂窝不是六棱柱，而是底部由三个菱形拼成尖顶构成的“尖顶六棱柱”。我国数学家华罗庚准确指出：在蜜蜂身长、腰围确定的情况下，尖顶六棱柱的蜂房用料最省。

上述的蜂房结构不正是太空飞行器的结构所要求的吗？于是，太空飞行器采用了蜂房结构，先用金属制造成蜂窝，然后，再用两块金属板把它夹起来就成了蜂窝结构，这种结构的太空飞行器容量大、强度高，且大大减轻了自重，也不易传导声音和热量。因此，今天我们所见到的航天飞机、宇宙飞船、人造卫星都是采用了这种蜂房结构。勤劳的蜜蜂们也许不会想到，它们的杰出构思会被人类借鉴应用，并助人类飞上了太空。

富有想象力的建筑——鸟巢、水立方

经历了北京奥运会，有人这样说：整个奥林匹克公园里至少有两座堪称伟大的建筑。可以说，它们是这个星球上最具创意的建筑之一，是人类想象力的伟大产物。建造这样的建筑需要巨大的勇气和资金，而这两样我们中国人都齐备了。

如果说天安门广场、人民英雄纪念碑和毛主席纪念堂的竣工，是我们自力更生建设家园的象征；那如今在天安门广场以北10英里50码的地方——奥林匹克公园，则有力地宣告了世界上经济发展速度最快的国家——中国，是全球的中心。

国家体育场（鸟巢）是2008年北京奥运会主体育场，它在2009年入选世界十大建筑。

它是由2001年普利茨克奖获得者赫尔佐格、德梅隆与中国建筑师李兴刚等合作完成的巨型体育场设计，由艾未未担任设计顾问。国家体育场形态如同孕育生命的“巢”，也像一个摇篮，充满着艺术的张力和想象力，寄托着人类对未来的希望。国家体育场的外墙上包裹着无数纵横交错的弯曲钢筋，形成网格状形态，因而得名“鸟巢”。观众席上方的91000根网格状拱形钢筋结构支撑着半开放的顶棚，并形成透气孔，顶棚中心则是敞开的。大量悬空的钢筋结构让体育场看起来就像一尊巨大的金属雕塑，但实际上这些钢筋结构都是工程需要，而非装饰性部件。

在“鸟巢”的隔壁就是“水立方”。“水立方”的伟大之处并不在于其先进的建筑技术，而在于它将“泡沫建筑”这一模糊而陈旧的建筑概念转化成一座优雅迷人的真实建筑。奥运会过后，水立方和鸟巢成为北京市的新地标。可以说，鸟巢和水立方正是想象力与建筑的完美结合。

如何让洗衣机洗过的衣服不粘小棉团

怎么样才能使洗衣机洗后的衣服不粘上小棉团一样的东西？这个问题现在也许不是难题，但是在几十年前，这是一个令科技人员大伤脑筋的问题。

解决方法不是没有，但是都非常复杂，需要增添不少设备，这会提高洗衣机的成本和价格。然而最后这个问题却被日本的一位家庭妇女给解决了，她是因为观察到了生活中的一个现象，从而得到了启发。

哈佛联想思考术

这位家庭妇女想起了幼年时在农村山冈上捕捉蜻蜓的情景，她们都是利用一个小网来网住蜻蜓。她想，如果在洗衣机中放一个小网是不是也可以网住小棉团之类的杂物呢？经过这么一番联想之后，她觉得是可以以此类推的，于是她用了三年的时间来对自己的这个创意进行完善和修改，并最终取得了满意的效果。

由于只需要在洗衣机里面加上一个小小的网兜，使用方便、成本低廉，这个产品投放市场以后大获欢迎。很快，世界上的很多洗衣机厂都来购买这项实用的专利。而这位日本妇女也获得了丰厚的经济回报。

大雪天侦查敌军防线

1944年，第二次世界大战已经接近晚期，德军节节败退，溃不成军。苏军决定解放有德军残余部队驻守的克里木半岛。

双方对峙在彼列科普这个地方，这个时候忽然天降大雪，这对战斗前的侦查工作造成了很大的困难，如何才能快速地侦查到敌人的防线呢？

哈佛联想思考术

苏联集团军的炮兵司令正在发愁，忽然看到刚走进掩体里的参谋长，只见他身上粘上的雪花在室内的暖气中开始融化，起先被积雪所覆盖的臂章也露出了轮廓。

这个时候他突然联想到：随着天气的转暖，敌军掩体内的积雪也必将融化，为了保持战壕的干燥，他们必然要清除掩体内的积雪，而只要他们打扫积雪，必然就会露出马脚。于是，司令员立刻命令对德军阵地进行连续侦查和航空摄像。结果只用了几个小时，就从敌军前沿阵地上积雪出现的湿土变化中，推断出德军的兵力部署。随后，苏军立刻调整好相应的兵力，一举攻破了敌军的防线。

牛羊牧场为何还要引进屎壳郎

澳大利亚拥有丰富的草原资源，于是当地的政府从欧洲引进了牛羊，来发展牧业，可是很快只见草原上布满了苍蝇，而它们的叮咬也大大地影响了牛羊的生长发育，这同时也让人们感到奇怪：为什么其他大洲的牧场没有出现这种问题呢？

哈佛联想思考术

问题出在了哪里呢？科研人员和当地的农民都在寻找原因。后来经过多方考察，才发现原来问题出在屎壳郎身上。原来，屎壳郎可以将牛羊的粪便做成一个个粪球，然后将粪球推入地下，由于有了这样的“牧场清道夫”，很快这些排泄物就被清理掉了，蚊虫苍蝇自然也就少了许多。牛羊——牛羊粪便——屎壳郎，这个客观存在的链条，形成了一个“因果”的联系链，而澳大利亚只引进了牛羊，却没有引进屎壳郎，自然无法出现其他大洲的良性循环。

于是，澳大利亚立刻成立了“屎壳郎研究所”，相继从世界各地引进了大批的屎壳郎，很快，蚊虫不再泛滥成灾，蚊蝇也随之减少，这个问题也最终得以解决。

发挥联想，“坐飞机扫雪”

美国的北方每年冬天都十分寒冷，尤其是进入12月之后，大雪纷飞。这严重影响了当地的通讯设备，因为大雪经常会压断电线。

以往人们为了解决这一问题，都会想出各种各样的办法，但是没有一种能够成功，基本上都是刚开始有些效果，到最后还是没有办法战胜自然环境。

哈佛联想思考术

奥斯本是一家电讯公司的经理，他为了能解决大雪经常性阻断通讯设备的数据传输问题，召开了一次全体职工的会议，目的就是想让大家开动脑筋，畅所欲言，希望能够解决问题。

他要求大家首先要独立思考，参加会议的人员要解放自己的思想，首先，不要考虑自己的想法是多么可笑亦或是能不能行得通。

其次，大家发言之后，我们不要去评论这个想法是好还是不好，发言的人只管自己发言，而评断想法值不值得借鉴，则交给高层的组织者去决断。

再次，发言者不要过多地考虑发言的质量，也就是自己提出来的想法到底有多少可行性，这次会议的重点就是看谁说的多。

最后，就是要求发言的人能够将多个想法拼接成一个，优化资源，尽可能地想出一个效果最为突出的解决办法。

说完规定之后，参加会议的员工便积极地讨论起来，大家纷纷出招。有的人说，要是能够设计出一台给电线用的清扫积雪的机器就好了。

可是怎么才能爬到电线上呢？难道要坐着飞机拿着扫把扫吗？这种想法提出来之后，大家心里都觉得不切实际。

过了一会儿，又有人通过上面提出的坐飞机扫雪联想到可不可以利用飞机飞行的原理，让飞机在电线的上空飞行，通过飞机螺旋桨的震动，把电线上的积雪扫落下来。就这样，大家通过联想飞机除雪的点子，又接着联想到用直升机等七八种新颖的想法。就这样仅仅一个小时的时间，参加会议的员工就想到九十多种解决办法。

不久，公司上层根据大家的想法找到了专家，利用类似于飞机震动的原理设计出了一种类似于“坐飞机扫雪”的原理的除雪机，巧妙地解决了冬天积雪过厚影响通讯设备正常工作的问题，而且还很聪明地避开了研制时间长、费用大的方案。

怀素：书法和舞剑的对比联想

怀素是中国历史上杰出的书法家，他的草书称为“狂草”。他的书法用笔圆劲有力，奔放流畅，一气呵成，对后世影响极为深远。

他也能做诗，与李白、杜甫、苏涣等诗人都有交往。好饮酒，每当饮酒兴起，不分墙壁、衣物、器皿，任意挥写，时人谓之“醉僧”。

关于他的书法特点的来源，还有一个小小的故事：怀素自幼苦练书法，但是很快便遇到瓶颈，长进不大。为此，他陷入了苦恼之中。有一天，他看见别人在舞剑，感觉行云流水，让人眼花缭乱。于是，他将书法和舞剑进行对比联想，从中受到了很大的启发：倘若以笔为剑，又当如何？从此，他的书法突飞猛进。

后人是如此评价他的：唐·吕总《读书评》中说：“怀素草书，援毫掣电，随手万变。”宋·朱长文《续书断》列怀素书为妙品，评论说：“如壮士拔剑，神彩动人。”

汤姆森和卢瑟福：想象出来的原子内部结构模型

在19世纪，虽然物理学家们普遍都知道，在一个原子里，既有正粒子，也有负粒子，然而这两种粒子在原子的内部究竟是什么样的关系，却没有人知道，一方面，这仅靠逻辑推理是办不到的；另一方面，当时的实验条件也限制了做实验来进行考证。所以，当时的物理学家另辟蹊径决定用自己的想象力来设定一些模型。

其中，最出名的模型就是英国物理学家汤姆森提出的“葡萄干面包模型”和卢瑟福提出的“太阳系模型”。

汤姆森的想象模型为：带负电的粒子，就像葡萄干一样，镶嵌在由带正电的粒子所构成的像面包一样的没有空隙的球状实体里。而卢瑟福提出的太阳系模型是：带负电的电子像太阳系的行星那样，围绕着占原子质量绝大部分的带正电的原子核旋转。

汤姆森和卢瑟福都是以自己的有关知识经验和丰富的想象力为基础，物化出了各自的原子内部结构模型，以填补和充实对原子内部结构认识上的不足和缺陷，这就是补白填充想象。

罗琳：火车上萌生创作《哈利·波特》的念头

乔安妮·凯瑟琳·罗琳，是一位看起来普通得不能再普通的女性，她出身于一个普通家庭，热爱英国文学，大学主修的是法语。毕业后，她只身前往葡萄牙发展，可惜事业发展得并不顺利，还经历了一次短暂而失败的婚姻。不久，她便带着3个月大的女儿杰西卡回到了英国，栖身于爱丁堡一间没有暖气的小公寓里。找不到工作的她，只好靠着微薄的失业救济金养活自己和女儿。

期间，抑郁的她甚至想到了自杀，然而为了她的女儿，她最终决定要活下去。

24岁那年，在罗琳从曼彻斯特前往伦敦的火车旅途中，一个瘦弱、戴着眼镜的黑发小巫师，一直在车窗外对着她微笑。他一下子就闯进了她的生命，使她萌生了创作哈利·波特的念头。虽然当时她的手边没有纸和笔，但她开始天马行空地想象，终于把这个哈利·波特的男孩故事推向了世界。

于是，哈利·波特诞生了——一个11岁的小男孩，瘦小的个子，黑色乱蓬蓬的头发，明亮的绿色眼睛，戴着圆形眼镜，前额上有一道细长、闪电状的伤疤……哈利·波特成为风靡全球的童话人物。

《哈利·波特》系列描写的是主人公哈利·波特在霍格沃茨魔法学校六年的学习、生活、冒险，并与邪恶势力伏地魔斗争的故事。这套书充满着天马行空般的想象力，将西方传说中的巫术和现代生活完美地结合在了一起。哈利·波特这个人物叱咤文学江湖，让数不清的读者为之倾倒，这不能不说是文学史上的一个奇迹。

如今《哈利·波特》系列小说已经在全球售出了至少4亿册，并引带出了一个总值70亿英镑的附带工业。罗琳已经成了世界上最富有的女性之一，私人财富大约高达5.45亿英镑。

艾赫尔别格：联想让文明的变迁成为一幅长卷

人类的发展历史究竟是怎么样的呢？从无到有，从蛮荒到文明，这期间的漫长、艰辛似乎很难一次说清楚。

著名的瑞典哲学家艾赫尔别格利用自己丰富的想象力，形象地为我们勾勒出了人类发展的画卷。他认为："在到达最后一公里之前的漫长的征途中，人类一直是沿着十分艰难崎岖的道路前进的，穿过了荒野，穿过了原始森林，但活在自己的世界里，对周围的世界万物一无所知。"

只是在即将到达最后一公里的时候，人类才看到了原始时代的工具和史前穴居时代创作的绘画。当开始最后一公里的赛程时，人类才看到难以识别的文字，看到农业社会的特征，看到人类文明刚刚透过来的几缕曙光。离终点200米的时候，人类在铺着石板的道路上穿过了古罗马雄浑的城堡。离终点100米的时候，在跑道的一边是欧洲中世纪城市的神圣建筑，另一边是"中央之国"四大发明的繁荣场所。离终点50米的时候，人类看见了一个人，他用创造者特有的充满智慧和洞察力的眼光注视着这场赛跑——他就是列奥纳多·达·芬奇。剩下只有10米了，人类开始出现在火炬和油灯所焕发出的光芒之中。剩下最后5米了，在这最后的冲刺中，人类看到了惊人的奇迹，电灯光亮照耀着夜间的大道、机器轰鸣、汽车和飞机疾驰而过、摄影记者和电视记者的聚光灯使胜利的赛跑运动员光芒四射……

赫尔别格运用了联想思维，让文明的变迁成为一幅长长的画卷，栩栩如生地展示在我们面前。看到它的描述，人类的发展立刻在我们的头脑中立体般的浮现出来，这就是想象的作用。

Harvard

第十三章

哈佛性别思考术

男人来自火星，女人来自金星

所谓性别思考术，是指在思考处理问题时，承认男女之间在思维、性别、情感、行为上的差异，并利用这些差异，采取不同的措施和办法，尽量发挥各自性别上的优势，以寻求利益最大化的一种思维方式。

性别思考术是指在思考处理问题时，承认男女之间在思维、性别、情感、行为上的差异，并在与他们交往和合作的过程中，利用这些差异，采取不同的措施和办法，尽量发挥各自性别上的优势，以此来制造成功的机会，或寻求利益最大化的一种思维方式。

事实证明，男女在思维、心理、行为上都存在很大的差异。

第一，二者关注问题的角度不同。男人往往是对事情或具体的事务感兴趣，女人则更多地关注事件当中的人怎么样。也就是说女人比男人更注重人物的细节。比如，如果夫妻两个看新闻，丈夫会注意新闻本身，妻子则会更注意新闻里面的人物。

第二，男人比女人更容易执着于性幻想。还是前面那个看新闻的例子，虽然说女人比男人更关注人物，但如果这个人物是个丰乳肥臀的美女，那么男人肯定比女人要观察得仔细，然后还会浮想联翩。

第三，男人一般是用左耳来接受声音信息，原因是男人只用右脑来分析信息。而女人是双脑都分析听觉信息的。

第四，男人的同情心明显是比女人差的，这也就是为什么打仗的男人多的原因。

正因为男人和女人的思维不同，才会导致在同样的事情上，男人和女人的想法会差很多。

曾经有个德国机构做过这样一个试验，他们在慕尼黑选择了一家店，悄悄安装了一面镜子，观察从这里经过的每个男女分别会发生怎样的行为反应。起初，大家以为一定是女人在镜子前流连的时间最久，没想到结果出来，大大出乎所有人的意料！在8小时的试验过程中，共有1620个女人经过镜子，其中只有540个女人在镜子前面停下来端详自己，其他的根本对镜子视而不见；而经过镜子的男人共有600个，无一例外的都停了下来仔细地打量自己，并对衣服、佩饰做了一些整理，还回头看看其他人是否注意自己。也就是说，男人比我们一直想象中的要臭美多了。

男人在逻辑思维上往往有特别的天赋，而女人在形象思维、语言表达能力上往往更胜一筹；男人的迷人之处在于他的深沉，女人的不可捉摸之处是她的微笑；男人功利，做一件事常常是因为需要，女人随意，做一件事情往往只因为喜欢；男人喜欢交友，喝酒侃大山，女人喜欢唠家常，走东家串西家；男人讲究的是“有泪不轻弹”，女人是“无事常落泪”；男人不是因为可爱而刚强，而是因为刚强而可爱，女人不是因为美丽才可爱，而是因为可爱才美丽……

曾经有人说过：“如果想使一群邋遢的男人变得精神，最有效的策略就是在他们中间安置一位有魅力的女人；如果想要一群心不在焉的女人变得敬业，就要在她们中间加入一个美男子，但这个美男子不要太强势，这样女人就会像照料自己的孩子那样，产生一种内在的竞争感。

下面，我们通过解析一个例子来看看二者的区别。

女人说：“我再也不想坐公交车了！挤死了！被别人踩了好几脚！”（潜台词：我穿得这么漂亮，身材这么好的女孩怎么能在公交里被人挤来挤去的！女人希望自己扮演一个弱者的形象来博取别人的同情，看，我多么地楚楚可怜啊！）

男人说：“大家不都天天在坐公交车吗？又不是你一个人在挤。”（潜台词：你不是天天在坐公交车吗？男人总是不理解女人的情绪为什么总是变化这么快，觉得不可理喻。他不知道女人的思维跳跃性很大，可能昨天还好好的，今天就能找出它的一百条不好的理由。）

女人说："别人是别人，我是我！我实在是受不了！"（潜台词：任何一个女人都认为自己是唯一的，是和别人不一样的。这个时候，她其实只是需要一句简单的安慰罢了。）

男人说："那你打车吧，我来给你报销。"（潜台词：这下看你还怎么说。男人总是喜欢把事情变得简单化，特别是感情上的事，更不愿意花过多的时间和精力去折腾。）

女人说："算了吧！你以为你是谁啊，一个月能挣多少钱啊！"（潜台词：其实，女人就是嘴上发发牢骚，让男人心疼一下，你以为她真的会天天花钱打车啊？女人其实比男人还实际呢！）

男人说："你是不是觉得和我在一起感觉特别委屈啊？"（潜台词：我都已经说成这样了，你还不满足，你到底还想怎么样？我是没多少钱，可是我也是有自尊的啊。男人最怕的就是女人说自己不行，男人最怕的也是女人拿自己和别人比，男人的尊严很重要。）

女人说："我就是觉得委屈，看看别人天天有车接送，我呢？连打个车都要想半天。"（潜台词：其实，女人想说的是既然我爱上你，我自然就接受了你现在的一切，但是我很希望你能对我好一点。女人很实际，自然知道自己选择的是什么和放弃的是什么，但她又放不下自己的攀比之心，所以才会不由自主地去抱怨。）

男人说："那你找别人去吧，我给不了你这些，你去找那些能给你这些的人去吧。"（潜台词：心思简单的男人觉得你一定是变心了，觉得他给不了你那么多想要的，这样强求有什么意思呢？男人喜欢干净利落。）

现阶段的研究表明，男性多半是大脑左半球发达，而女性大半是右半球发达。而大脑的左半球是管抽象思维的，右半球是管形象性和运动性活动的，因此，男性的思维常常是直线，而女人的思维往往是一条曲线。

侠客与公主

一位武艺高强的侠客正策马奔腾，突然，他听到女人的呼救声。于是他策马疾驶，来到一个巨大的城堡边。在城堡外面他发现，一个美丽的少女被一条巨大的恶龙困住了。看到这个情景，侠客英勇地抽出他的利剑，杀死了那条龙。城门打开了，全城人都欢呼起来，原来这个少女正是偷跑出去的公主，国王热情地款待了他。后来，侠客和公主相爱了。

一个月后，侠客离城出发了。在他回来的路上，他又听到了呼救声。又一条龙在袭击城堡。侠客纵马抽出剑，准备与龙搏斗。

公主从城塔里跑出来："别用剑，用这个弓箭，它更好用。"公主将弓箭扔给他，并打手势告诉他怎么用。侠客犹豫了一下，照公主示意的那样，弯弓射箭，龙被杀死了。全城人为他欢呼。

不知怎么的，侠客这次却觉得自己没什么了不起的，不值得全城人那么崇拜和信任。在庆祝晚宴上，侠客有点郁郁寡欢。过后，他忘了擦亮他的盔甲。

又一个月后，侠客又出发了。当他佩戴着他的剑离开时，公主提醒他要小心，并告诉他带上绳套。在回来的路上，他又看到一条龙在袭击城堡。这一次，当他带着剑欲冲上前时，他犹豫了一下，他想也许他该用弓箭，远程射击。在他犹豫的时候，龙喷出火来，火烧伤了他的右臂。在困惑中，他抬起头看见公主在城堡的窗口朝他挥舞。

"用毒药。"公主喊道，"弓箭不好用。"

公主扔给他毒药，他将它们喷进龙的口中。龙被杀死了。全城人又一次欢呼。但侠客却感到羞耻。

又一个月后，侠客再次出发。当他带着他的剑离开时，公主再次提醒他要小心，让他带上弓箭和毒药。他对公主的建议有点不痛快，但还是带上了。

在这次的旅途中，他又听见了一个女人的呼救声。当他冲向呼救声时，他的忧郁消失了，他的自信恢复了。但当他抽剑准备与龙搏斗时，他又一次犹豫了，他想，我该用剑，弓箭，还是毒药？公主会说什么？

在这当口，他记起遇到公主之前的自己，那时他只有一把剑。于是，他重新获得了信心，然后扔掉弓箭和毒药，用他的剑杀死了那条龙。全城人再一次欢呼。

但是，身着闪亮盔甲的侠客再也没有回到他的公主身边。

一对恋人的爆笑对话

笑话一则：

一对恋人相约去吃饭。

男：吃什么？

女：随便。

男：那我们去吃牛排好了！

女：不好，那太腥了。

男：那就去吃熟食！

女：不好，那太单调了！

男：那吃肉炒饭好了！

女：不好，太没情调了！

男：那去吃日本料理好了！

女：不好，太贵了！

男：那去吃麦当劳好了！

女：不好，没营养！

男：那你到底要吃什么？

只见女的有点不好意思，又有点娇羞地说：随便！

男：那咱们现在到底要干什么？

女：都行。

男：看电影怎么样？好久没看电影了。

女：电影有啥好看的？耽搁时间。

男：那打保龄球，运动运动？

女：大热天的运动什么啊？不嫌累啊？

男：那找个咖啡店坐坐，喝点水。

女：喝咖啡影响睡眠。

男：那你说干什么。

女：都行。

男：那咱干脆回家好了。

女：看你。

男：坐公交车吧！我送你。

女：公交车又脏又挤，还是算了。

男：那打出租车。

女：这么近的路不划算。

男：那走路好了，散散步。

女：饿着肚子散什么步啊？

男：那你到底想怎么着啊？

女：看你。

男：那就先吃饭。

女：随便。

男：吃什么？

女：都行。

一对男女因看球产生的误会

她的日记：

昨天晚上他真的是非常非常古怪。我们本来约好了一起去一个餐厅吃晚饭。

但是白天我和我的好朋友去购物了，结果就去晚了一会儿，他就不高兴了。

他一直不理睬我，气氛僵极了。后来我主动让步，说我们都退一步，好好交流一下吧。他虽然同意了，但还是继续沉默，一副无精打采心不在焉的样子。我问他到底怎么了，他只说“没事”。

后来我就问他，是不是我惹他生气了。他说，这不关我的事，让我不要管。

在回家的路上我对他说，我爱他。但是他继续开车，一点反应也没有。我真的不明白，我不知道他为什么不再说“我也爱你”了。

我们到家的时候，我感觉我可能要失去他了，因为他已经不想跟我有什么关系了，他不想理我了。

他坐在那儿什么也不说，就只是闷着头看电视，继续发呆。后来我只好自己上床去睡了。10分钟以后他爬到床上来了，他一直都在想别的什么。他的心思根本不在我这里！这真的是太让我心痛了。我决定要跟他好好谈一谈。但是他居然已经睡着了！我只好躺在他身边默默地流泪，后来哭着哭着就睡着了。我现在非常确定，他肯定是有别的女人了。这真的像天塌下来了一样。天哪，我真不知道我活着还有什么意义。

他的日记：

郁闷，今天意大利居然输了。

男女择偶标准的差异

一家专营女性婚姻服务的店在市中心全新开张，女人们可以直接进去挑选一个心仪的配偶。在店门口，立了一面告示牌：一个人只能进去逛一次！店里共有六层楼，随着高度的上升，男人的质量也越来越高，不过请注意，顾客只能在任何一层楼选一个丈夫或者选择上楼，但不能回到以前逛过的楼层……

一个女人来这家店欲寻找一个老公。

一楼写着：这里的男人有工作。女人看也不看就上了第二层楼，二楼写着：这里的男人有工作而且热爱小孩，女人上了三楼，三楼写着：这里的男人有工作而且热爱小孩，还很帅。哇！她叹道，但仍强迫自己往上爬。四楼：这里的男人有工作而且热爱小孩。令人窒息的帅，还会帮忙做家务。哇！饶了我吧！女人叫道，我快站不住脚了！接着她仍然爬上了五楼，五楼：这里的男人有工作而且热爱小孩，令人窒息的帅，还会帮忙做家务，更有着强烈的浪漫情怀。女人简直想留在这一层楼了，但仍满怀期待地走向最高一层。第六楼出现了一面巨大的电子告示板，上面写道：你是这层楼的第123456789位访客，这里不存在任何男人，这层楼的存在只是为了证明女人有多么不可取悦。谢谢光临……

不久，一家专营男性婚姻服务的店在街对面开张，经营方式与前者一模一样。第一层的女人长得漂亮。第二层的女人长得漂亮并且有钱……结果，二层以上，第三层至六层的楼层从来没有男人上去过……

为什么男人不喜欢女友总讲别的男人

丽丽和男友在一起的时候，谈到某女友的新男友，说人家不仅人长得帅，还多才多艺，关键还很有钱……

丽丽说起来没完没了，还一副特别羡慕的样子，却没发觉男友的面色已经开始微变。

说着说着，丽丽又无意间说起了前男友，并开始点评前男友的优劣。正滔滔不绝中，惊见男友腾身而起，扔下个恨恨的眼神就借口买东西出门了。

哈佛性别思考术

没有男人会喜欢自己的女人嘴里不停地唠叨着别的男人，就跟没有女人喜欢身边的男人总讲别的女人一样。男人都很要面子的，丽丽这样说，肯定是伤她男友的自尊心了。而偏偏丽丽又不识趣，男友只能愤然离去了。

世界杯期间，女性看球心理分析

世界杯可谓是男人的节日，男人可以畅快地喝着酒，吃着烧烤，然后看球。可是到了现在，不少女性同胞也看起了球，这是为什么呢？

哈佛性别思考术

首先，的确有一小部分女性同胞，是真正喜欢足球，喜欢这项热血的运动；还有一部分女性同胞，是抱着看帅哥的目的去的——也是，在绿茵场上奔跑的热血男儿，英姿飒爽，场下的球员们也是一股明星范，举手投足之间，潇洒倜傥；剩下的那部分看球的女性，她们所在乎的人一定是个球迷，因为她们和自己在乎的人莫说一起看球，就是一起看着一块白墙壁，也会认为很值得并很乐意的。

为什么男性更擅长修电脑

小李的电脑技术在班级和学校里可是数得上号的高，可是再高的高手也有烦心的时候——每次他被女同学叫过去修电脑，都是一些鸡毛蒜皮的小事——不是系统重装，就是电脑中毒，在高手小李看来，这些问题都是自己稍微动动手就可以解决的，何必大费周折地叫他呢？

哈佛性别思考术

男人和女人对电脑的感觉是完全不一样的。我们如果去有电脑的朋友家，常常会发现，如果他是男性，那么可能电脑的机箱外壳就是打开的，他正在拆装或研究着什么；如果这位朋友是位女士，她可能还说不清自己这台电脑内存是多少，显卡是什么，主板是什么型号，等等。

对待感兴趣的游戏也是这样，女性喜欢《仙剑奇侠传》是因为里面有感人肺腑的爱情故事，而男性喜欢这款游戏，可能是因为复杂的装备系统或者主角不断成长的乐趣。

这就是男性和女性对待高科技的态度，女性就是利用它，让它为自己服务，而不是想为什么或者应该不应该的问题，而男性是为了了解它，更好地掌握它。

南希·阿斯特：让丘吉尔“甘心服毒”的女人

第二次世界大战爆发前不久，美国出生的女权主义者南希·阿斯特到丘吉尔祖上传下来的布雷尼宫去拜访他。

丘吉尔热情地接待了她。在交谈中，阿斯特大谈特谈妇女权利问题，并恳切希望丘吉尔能帮助她成为第一位进入众议院的女议员。

丘吉尔嘲笑了她的这一念头，也不同意她的一些观点，这让这位夫人大为恼火。她对丘吉尔说：“温斯顿，如果我是你的妻子，就会往你的咖啡杯里放毒药！”

丘吉尔温柔地接着说：“如果我是你的丈夫，我就会毫不犹豫地把它喝下去！”

兰德尔：女人的钱是最好赚的

雅诗兰黛CEO兰德尔有过一句名言："女人的钱是最好赚的。"

他认为原因有以下几点：

1. 无论女人的年纪有多大，她永远童心未泯。女人喜欢吃零食，喜欢穿新衣，喜欢过节，喜欢热闹，喜欢撒娇，喜欢被夸奖。有人说：女人不是因为美丽才可爱，而是因为可爱才美丽。

2. 女人的衣着，永远别具一格，女人的休闲时间大多是花在买衣服上，她们可以在商铺里逛一整天，她们热爱购物，热爱美的一切。

3. 女人爱美，一方面是为了让别人更加喜欢自己，另一方面是为了增加自己的自信。

但凡犹太商人都知道，商店是为女人开的。全心全意为女人服务，掌握女性的消费心理，就可以获得极高的商业利润。

学习哈佛思维方式，

打造哈佛精英特质！

改变想法，

我们就能改变我们的生活！

后记

AFTERWORD

一本著作的完成需要许多人的默默奉献，闪耀的是集体的智慧。其中铭刻着许多艰辛的付出，凝结着许多辛勤的劳动和汗水。

本书在策划和写作过程中，得到了许多同行的关怀与帮助，及许多老师的大力支持，在此向他们致以诚挚的谢意：于海英、张保文、齐艳杰、张艳芬、赵广娜、王艳明、梁素娟、曹博、王杰、王鹏、何瑞欣、周珊、慈艳丽、李文静、刘健、程仕才、李彦岐、李静、宋洁心、黄亚男、李猛、黄克琼、魏清素、李良婷、武敬敏、黄梦溪、张晓静、李娜、李佳、李倩、杨英、徐娜、赵一、王艳、聂小晴、蔡亚兰、淡佳庆、黄薇、黄晓林、李伟军、齐红霞、李惠、欧俊、姜波、史慧莉、闫晗、焦亮、秦凤超、常娟、闫瑞娟、曹徐学、廖春红、杨云鹏等。

阅读是一种享受，写作这样一本书的过程更是一种享受。在享受之余，我们心中也充满了感恩。因为在写作过程中，我们不仅得到同行的帮助，还借鉴了其他人智慧的精华。相信你们劳动的价值不会磨灭，因为它给读者朋友们带来了宝贵的精神财富。

哈佛精英课堂
成功人生捷径